全球环境治理的结构与过程研究

杨晨曦◎著

世界知识出版社

图书在版编目（CIP）数据

全球环境治理的结构与过程研究 / 杨晨曦著 .—北京：世界知识出版社，2022.4

ISBN 978-7-5012-6465-0

Ⅰ．①全… Ⅱ．①杨… Ⅲ．①环境保护—研究—世界 Ⅳ．①X-11

中国版本图书馆CIP数据核字（2021）第262177号

书　　名	全球环境治理的结构与过程研究 Quanqiu Huanjing Zhili de Jiegou yu Guocheng Yanjiu
作　　者	杨晨曦
责任编辑	蒋少荣　张怿丹
责任出版	赵　玥
责任校对	陈可望
出版发行	世界知识出版社
地址邮编	北京市东城区干面胡同51号（100010）
网　　址	www.ishizhi.cn
电　　话	010-65265923（发行）　010-85119023（邮购）
经　　销	新华书店
印　　刷	北京虎彩文化传播有限公司
开本印张	710毫米×1000毫米　1/16　13⅞印张
字　　数	230千字
版次印次	2022年4月第一版　2022年4月第一次印刷
标准书号	ISBN 978-7-5012-6465-0
定　　价	78.00元

序 言

如果人们若干年后回望2021年，这一年里全球各地频发的极端天气事件一定会成为人们讨论的重点之一。2021年夏天，北美洲出现持续高温，西欧和东亚出现严重的暴雨和洪涝灾害，西伯利亚、东地中海沿岸暴发严重的森林大火。"末日景象"一度成为新闻媒体描述这些灾难时用到的高频词汇。

全球很多地方迎来了前所未有的高温。常年夏季平均气温不超过21℃的美国西雅图，最高气温达到了48℃；美国西北部俄勒冈州最大城市波特兰连续3天刷新气温纪录，最高气温达约46.7℃；华盛顿州部分地区气温高达47.8℃；地处北半球高纬度地区的加拿大更是出现了49.6℃的极端高温。欧洲很多地方同样气温高企。

高温带来空气干燥，伴随多变的风向，又导致了大范围森林火灾。希腊的埃维亚岛原本是久负盛名的旅游度假之地，那里的风光景色经常出现在各色明信片上，而2021年夏天一场燃烧了10天的熊熊大火，将埃维亚岛北部化为焦土，这里也因"末日景象"而再度"声名远播"。不仅是埃维亚岛，英国《卫报》报道称，科学家们表示，2021年7月是2003年开始有卫星记录以来全球山火最严重的7月。北美洲地区、西伯利亚地区、非洲地区和欧洲南部地区无一幸免。

在这些地方燃起大火的同时，东亚一些地方出现了罕见的强降水，降水引发了严重洪涝灾害和城市内涝。2021年7月中旬，受台风"烟花"影响，一场灾难级的暴雨突如其来袭向郑州。从7月18日开始，河南的天空仿佛漏了一个大洞，暴雨倾盆。一个小时内，相当于150个西湖的降水量倒进了郑州。在随后的几天里，郑州、鹤壁、新乡等地降水量均达到900毫米以上，超过10个国家级气象观测站日降雨量达到有气象观测记录以来的历史极值。同一时间，欧洲多地持续暴雨引发大规模洪涝灾害。在受灾最严重的德国西部，洪灾夺走至少157人的生命，因洪灾死亡人数远超德国民众记忆中最严重的洪灾——2002年的"世纪洪水"。此外，比利时也有至少31人死于洪灾，瑞士、卢森堡和荷兰也受到了影响。洪水还造成房屋冲毁、铁路交通大面积中断，受灾地区的电力和通信网络也陷入瘫痪。

如果将时间稍稍向前追溯，不难发现，全球范围内极端天气事件的增加，早已非一日之寒。统计数据显示，过去50年，全球干旱、风暴、洪水和山体滑坡等自然灾害事件急剧增加。

科学研究表明，全球范围内频频发生的极端天气的根源，在于气候变暖。科学家们已经证明，温度每上升1℃，空气中能吸收的水分平均会增加7%。简单来说就是，随着气候变暖，大气层在饱和前，可吸收更多水汽。其结果是暴雨在短时期内就能带来极端降雨量。西欧发生严重洪涝灾害，我国河南出现特大暴雨，都是极端强降水事件频发的具体表现。除此之外，气候变化还将导致更剧烈的干旱、沿海地区持续的海平面上升、永久冻土融化、海洋酸化等一系列后果，进而导致生物多样性丧失、荒漠化加剧、农业减产、生态环境恶化，给人类生存和发展带来严重危害。而这一切的背后，是全球气候变暖带来的无处不在的严峻影响。

现在，已经有越来越多的科学证据表明，人类活动是全球气候变暖的主要原因。人类活动对气候造成实质性影响始于工业革命。人类进入工业文明时代以来，在创造巨大物质财富的同时，也加速了对自然资源的攫取，打破了地球生态系统平衡。人类活动已导致气候系统发生了前所未有的变化，人与自然深层次矛盾日益显现。

2021年8月9日，联合国政府间气候变化专门委员会（IPCC）发布第六次评估报告的第一工作组报告《气候变化2021：自然科学基础》，报告指出，2011年至2020年全球地表温度比工业革命时期上升了1.09℃，其中约1.07℃的增温是人类活动造成的。而且，至少到21世纪中期，全球地表温度将继续上升。除非未来几十年内全球大幅减少二氧化碳和其他温室气体的排放，否则21世纪的全球升温将超过1.5℃或2℃。

全球环境治理早已不是遥远的长期计划，而是人类要面对的迫在眉睫的任务。对全球环境治理体系本身的结构和过程的研究，也将成为人类应对全球环境问题的一个组成部分。

目 录

导　论

　　全球性问题的突显是全球化趋势的重要特征和表现形态之一。全球性问题是指当代国际社会所面临的一系列超越国家和地区界限，关系到整个人类生存与发展的严峻问题。[①] 其外延包括经济与金融危机、全球环境恶化、能源危机、人口爆炸、粮食危机与全球贫困、海洋利用与宇宙开发、恐怖主义、跨国犯罪、流行性疾病、精神迷乱与道德沦失等若干方面。而在众多全球性问题中，只有核大战和环境恶化可能真正毁灭人类；核大战的风险已经逐步得到控制，而全球环境问题的恶化却依旧触目惊心。

　　根据学者们的研究，环境问题于20世纪70年代后进入了"环境全球化时期"。在这一时期，环境问题的发生范围、影响、后果和解决途径都发展到了全球性的规模，并具有了鲜明的公共性、跨国性。全球环境问题的解决需要全球响应。随着全球性环境问题日趋恶化，各类国际关系行为体纷纷参与到全球环境治理之中。半个世纪以来，各类全球环境治理安排已经非常密集。但是，全球性环境问题的恶化趋势却并没有得到有效控制。

　　本书意在研究为何现有全球环境治理安排未能充分有效治理全球环境问题。本书将在吸收已有研究的基础上，分析现有全球环境治理安排在结构与过程方面存在的缺陷与问题，揭示其效能不足的原因，并以此为全球环境治理的不断完善贡献理论基础。

---

① 蔡拓等：《全球问题与当代国际关系》，天津人民出版社，2002，第2页。

一、问题的提出

（一）研究问题

从现有的国际政治实务经验来看，在几乎所有的重大国际议题中，只要主要大国能够实现合作，作出相应的国际安排，问题总能得到解决，或至少是得到缓和。例如，高级政治领域的军备与裁军、边界领土争议等问题，均在主要国家达成合作后取得明显的进展，甚至得到解决。再如，低级政治领域的经贸争议、金融危机、能源问题、区域性超国家机构的发展，也在主要国家的共同努力下实现了明显的改善。国际合作在绝大多数领域都能收到不错的结果，但国际环境合作却成为一个独特的例外：一方面，全球环境治理安排越来越密集；另一方面，地区和全球性环境问题却持续甚至是加速恶化。本书意在对这一例外进行回应：着重分析现有全球环境治理安排在结构与过程方面存在的缺陷和问题，以此研究为何现有全球环境治理安排未能充分有效治理全球环境问题。本书的选题背景如下。

一方面，国际环境合作及其达成的各类全球环境治理安排越来越多，国际环境合作不断发展、深入，已经达到了相当高的广度和密度。张海滨教授将其归纳为"五个越来越多"：多边、双边国际环境条约，国际环境条约缔约方，政府间国际环境组织，国际环境非政府组织和设立高级别环境保护部门的国家都越来越多。[①] 国际环境合作不断加强，国际关系针对环境问题所作出的调整变化越来越大。作为国际关系学科的研究，本书将上述五点中的"设立高级别环保部门的国家"替换为"国际环境合作的平台"，以此阐述国际环境合作的发展。

多边国际环境条约是全球环境治理的重要组成部分。自20世纪70年代环境问题的全球化趋势开始显现以来，各类多边环境协定、议定书、修正案便不断签署。根据联合国环境规划署（United Nation Enviromental Programme，UNEP）的统计，仅1998年至2009年间新增的多边环境条约

---

① 张海滨：《环境与国际关系：全球环境问题的理性思考》，上海人民出版社，2008，第6—7页。

就达218个（参见图1）。

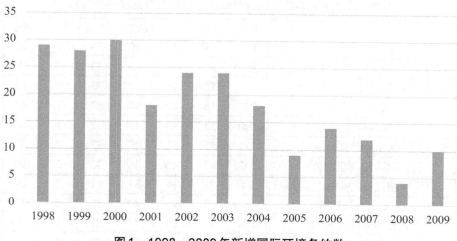

图1 1998—2009年新增国际环境条约数

资料来源：UNEP, *UNEP Year Book 2010: New Science and Developments in Our Changing Environment*, p. 4，转自UNEP官方网站：http://www.unep.org/yearbook/2010/PDF/year_book_2010.pdf。

多边环境条约不断增加的同时，签订、批准多边环境条约的缔约方也在迅速增加。目前，在全球性国际环境条约中，具有重大影响的条约已有针对大气污染和温室气体排放的《维也纳公约》《蒙特利尔议定书》《联合国气候变化框架公约》《京都议定书》《巴黎协定》，针对生态环境、生物多样性和生物安全的《生物多样性公约》《卡特赫拉议定书》《名古屋议定书》《濒危野生动植物种国际贸易公约》《野生动物迁徙物种保护公约》《联合国防治荒漠化公约》《保护世界文化和自然遗产公约》《林沙公约》《关于特别是作为水禽栖息地的国际重要湿地公约》，针对海洋生态环境的《联合国海洋法公约》，针对危险化学品、废料和持久性有机污染物的《巴塞尔公约》《鹿特丹公约》《斯德哥尔摩公约》等十多个多边环境条约。这些条约的缔约方基本上都超过了100个，而缔约方超过150个的国际环境条约也已有12个。表1展示了多边环境公约缔约方批准情况。不难看出，多边国际环境条约的密度和涵盖领域均已达到了非常高的程度。

表1　部分主要国际环境条约缔约方总数及各区域缔约方数

	全球 (197)	非洲 (53)	亚太 (46)	欧洲 (50)	拉美 (34)	北美 (2)	西亚 (12)
维也纳公约/蒙特利尔议定书	190	53	45	47	33	2	10
联合国气候变化框架公约	191	52	46	48	33	2	10
京都议定书	175	46	40	46	32	1	10
生物多样性公约	190	53	48	46	32	1	10
濒危野生动植物种国际贸易公约	172	52	33	46	32	2	7
联合国防治荒漠化公约	190	53	46	46	33	2	10
野生动物迁徙物种保护公约	94	33	10	37	11	0	3
保护世界文化和自然遗产公约	184	50	40	49	32	2	11
联合国海洋法公约	154	41	34	42	27	1	9
林沙公约	156	47	28	47	27	2	5
关于特别是作为水禽栖息地的国际重要湿地公约	153	—	—	—	—	—	—
卡特赫拉议定书	142	41	31	40	24	0	6
巴塞尔公约	166	45	33	47	30	1	10
鹿特丹公约	109	32	23	30	16	1	7
斯德哥尔摩公约	134	41	32	30	23	1	7

资料来源：联合国环境规划署：《UNEP2008年年鉴：变化中的环境综述》，第14页。转自UNEP官方网站：http://www.unep.org/yearbook/2008/report/UNEP_YearBook 2008_Full_CH.pdf，《拉姆萨尔公约》缔约方数为2006年数据，未见分区域缔约方数统计资料，参见UNEP, *UNEP Year Book 2007*, p. 82, 转自UNEP官方网站：http://www.unep.org/yearbook/2007/PDF/GYB2007_English_Full.pdf。

　　国际环境合作平台和合作组织的广泛建立，是国际环境合作不断深化的又一个重要标志。以国际环境会议、论坛及国家间机制为代表的合作平台已经成为国际环境合作的基本样式。在全球层次，《联合国气候变化框架公约》缔约方会议、联合国人类环境会议、联合国环境与发展大会、联合国可持续发展大会等会议都为国际环境合作提供了平台，并取得了很大成就。在地区层面上，以环境合作水平并不算太高的东亚地区为例，仅在东北亚地区便有三个重要区域环境论坛：1992年建立起的"东北亚环境合作会议"（NEAC）、1993年建立的"东北亚次区域环境合作计划"，以及1999年建立的"中日韩三方环境部长会议"。在更为广泛的亚太地区中，亚洲—太平洋环境会议（ECO-ASIA）也于1991年就建立起来。东亚区域内针对特定环境问题的合作也取得了一些进步。中、日、韩、俄四国于1994年针对海洋及近岸环境保护问题共同建立了"西北太平洋行动计划"；1998年，"东亚酸沉降监测网"得以建立；最近几年，中、日、韩之间关于沙尘暴问题的具体合作项目也逐步地开展和落实。[①] 在非洲、西亚、欧洲、北美、拉美等区域中，类似的环境合作机制同样不少见。这些机制很多是在现有多边国际环境条约的框架内，建立在区域环境合作之中的。

政府间国际环境组织的发展同样引人侧目。由于对"国际组织"的定义有所差别，因而学界对于当前国际环境组织的数量也存在不同的看法。但20世纪70年代以来政府间国际环境组织的数量处于迅速增长的趋势却是不争的事实。自1970年至1990年，政府间国际环境组织由60多个增加到160多个。[②] 其中，联合国框架中的联合国环境规划署、全球环境基金（Global Enviroment Fund，GEF）、联合国可持续发展委员会（Commission on Sustainable Development，CSD）具有全球性的重要影响。

20世纪70年代后，国际环境非政府组织的力量快速增长，并逐步成为全球环境治理的重要力量，这是国际环境合作不断加强的标志之一。近40年来，国际环境非政府组织的数量不断增加，规模逐步扩大，融资能力提高迅速，组织和跨国网络渐渐完善。[③] 在比较重要的247个国际环境非政府组织中，有188个是这一时期建立的。[④]

综合来看，20世纪70年代以来，国际环境合作发展迅速，针对环境问题的全球响应已经越来越密集。

---

① 关于东北亚地区国际环境安排的简要介绍，参见徐庆华主编《中国国际区域环境合作文件汇编》，中国环境科学出版社，2006，第347—348页。

② John W. Meyer, David John Frank, etc., "Structuring of World Environmental Regime, 1870-1990," *International Organization*, Vol. 51, No. 4 (Autumn, 1997), p. 625.

③ Thomas Princen, Matthias Finger, "Introduction," in *Environmental NGOs in World Politics: Linking the Local and the Global*, eds. Thomas Princen, Matthias Finger (London: Taylor & Francis e-Library, 2003), pp. 2-8.

④ Ted Trzyna, eds., *World Directory of Environmental Organizations* (Sixth Edition) (California: California Institute of Public Affairs, 2001).

另一方面，全球环境却持续甚至加速恶化。联合国环境规划署每年出版的《联合国环境规划署年鉴》（*UNEP Year Book*），以及自1997年至2012年陆续发布的五期《全球环境展望》（*Global Environmental Outlook*，GEO）[①]被认为是对全球环境问题演变以及国际环境合作和治理发展的权威追踪。此两种文件长期跟踪调查的环境问题包括大气污染、全球气候变化、淡水资源危机、土地退化与森林过度砍伐、近海污染与海洋退化、生态环境退化与生物多样性丧失、有毒及有害废物的越境转移等诸多领域。2012年6月发布的《全球环境展望5（决策者摘要）》开篇即对近年来国际环境治理的成效作出了评价。"目前所观察到的地球系统发生的变化在人类历史上是空前的。旨在减缓变化速度或减小变化幅度的努力（包括提高资源利用效率，以及减缓措施）略有成效，但尚未成功扭转不利的环境变化。过去五年间，无论是变化的范围，还是变化的速度，均未有所减退。"[②]2019年发布的《全球环境展望6（决策者摘要）》进一步提出，"自1997年第一期《全球环境展望》报告发布以来，涌现出许多环境改善的例子……然而，虽然各国和各地区都在环境政策方面付出了努力，但全球环境的总体状况自第一期《全球环境展望》发布以来继续恶化。环境政策努力受到各种因素的阻碍，特别是大多数国家不可持续的生产和消费模式以及气候变化。《全球环境展望6（决策者摘要）》的结论是：全球不可持续的人类活动导致地球生态系统恶化，从而危及社会的生态基础"。[③]

全球环境问题的持续恶化，在几乎所有问题领域、全球所有地区都能找到明显的证据。尽管一些大气议题——如平流层臭氧层保护等——在各种国际机制的协调下取得了进展，但亚洲、非洲和拉丁美洲与加勒比海地区的酸雨、雾霾、可吸入颗粒物等大气污染问题依然严峻，而对流层臭氧

① 截至2019年的六期《全球环境展望》（*Global Environmental Outlook*）分别发表于1997年、1999年、2002年、2007年、2012年、2019年。

② UNEP, *Global Environmental Outlook 5 (Summary for Policy Makers)*, p.6, 转自 UNEP 官方网站：http://www.unep.org/geo/pdfs/GEO5_SPM_English.pdf.

③ UNEP, *Global Environmental Outlook 6 (Summary for Policy Makers)*, p.6, 转自 UNEP 官方网站：https://www.unenvironment.org/resources/global-environment-outlook-6.

层破坏已经成为顽疾。[1]

在气候变化问题上，全球地面空气温度仍然维持着长期以来的上升趋势，联合国环境规划署2010年的相关研究提出，2000—2009年是自19世纪中叶开始用仪器记录全球温度以来最热的10年；这10年中，格陵兰岛冰川和北极冰盖的融化愈演愈烈；[2] 2019年联合国环境规划署继而提出，"如果包括更加不确定和可变的土地利用变化排放，自2010年以来，全球温室气体排放年均增长率为1.4%，由于植被森林火灾的大幅增加，2019年增速更快，为2.6%"。[3] 2019年，大气二氧化碳平均浓度首次突破415ppm，比工业化前的280ppm高出近50%；2019年11月，来自世界各地的11000多名科学家共同宣布地球正面临"气候紧急状态"。[4]

污染、过度消耗以及安全饮用水的获得问题构成了淡水资源危机的三个方面。过去50年间，全球水资源抽取量已增至之前的3倍；1960年到2000年的40年间，全球地下水储量的减少率增至两倍不止。[5] 到2025年约18亿人口将要生活在绝对缺水的国家和地区，全球2/3的人口可能会面临缺水压力。[6]

人类活动引起的土地退化包括不合理的农业土地利用、对土壤与水资源缺乏管理、森林砍伐、自然植被破坏、过度使用重型机械、过度放牧等。土地荒漠化已经成为许多发展中国家的重大环境威胁；而森林过度砍伐现象虽然在温带森林中实现根本性逆转——全球每年增加3万平方千米温带森林面积，但对热带森林的砍伐仍然以每年13万平方千米的面积在

---

① 参见UNEP, *Global Environmental Outlook 5 (Summary for Policy Makers)*, p.7, 转自UNEP官方网站：http://www.unep.org/geo/pdfs/GEO5_SPM_English.pdf.

② 参见UNEP, *UNEP Year Book 2010: New Science and Developments in Our Changing Environment*, pp. 33-35, 转自UNEP官方网站：http://www.unep.org/geo/yearbook/yb2010/PDF/GYB2010_English_full.pdf.

③ UNEP, *Global Environmental Outlook 6 (Summary for Policy Makers)*, p.6, 转自UNEP官方网站：https://www.unenvironment.org/resources/global-environment-outlook-6.

④ Ripple W. J., Christopher W., Newsome T. M., et al., "World Scientists' Warning of a Climate Emergency," *BioScience*, 2019(70):8-12.

⑤ UNEP, *Global Environmental Outlook 5 (Summary for Policy Makers)*, p.9, 转自UNEP官方网站：http://www.unep.org/geo/pdfs/GEO5_SPM_English.pdf.

⑥ UNEP, *Global Environmental Outlook 4 (Summary for Decision Makers)*, p.11, 转自UNEP官方网站：http://www.unep.org/geo/GEO4/media/GEO4%20SDM_launch.pdf.

继续。[①]

海洋退化与污染的主要来源是污水排放。尽管订立了全球性协定，但在过去30年中，污水排放已经造成了海洋环境严重的富营养化。自1990年以来，富营养化沿海地区数量显著上升——至少有415个沿海地区出现了严重的富营养化，而其中只有13个正在恢复。[②]

生物多样性是生态系统健康和提供生态系统服务的基础。"生物多样性公约缔约方大会"确定的"到2010年生物多样性损失的速率要显著降低"的目标看来并没有实现。[③] 至2020年，2010年设定的"爱知生物多样性目标"完成情况是全球在2020年截止日期前"部分实现"了20个目标中的6个。[④]

废物贸易早已发展为一个全球性的行当，《控制危险废物越境转移及处置巴塞尔公约》（Basel Convention on the Control of Transboundary Movements of Hazardous Wastes and Their Disposal）未能充分有效防止非法贩卖废物的肆虐。而如2007年生效的《欧盟废旧电气电子设备指令》（European Union's Waste Electrical and Electronic Equipment）等一些新的规定远未实现消灭非法和危险处置废物行为的目标，只是将这种行为驱逐出境。在发展中国家进行废物处理的成本远低于在发达国家中进行类似工作的成本。[⑤]

目前来看，很多环境问题在恶化趋势上又往往是非线性的。线性，指因变量与自变量之间按比例、成直线的关系，在环境问题上代表环境输入诸因素与环境结果的平滑变动关系；而非线性则指不按比例、不成直线的关系，在环境问题上代表不规则的运动关系和环境突变。最为显著的例子之一是2012年7月间格陵兰岛冰川突然"几乎全部融化"。"三颗人造卫星

① UNEP, *Global Environmental Outlook 4 (Summary for Decision Makers)*, p. 10, 转自 UNEP 官方网站：http://www.unep.org/geo/GEO4/media/GEO4%20SDM_launch.pdf。

② UNEP, *Global Environmental Outlook 5 (Summary for Policy Makers)*, p.10, 转自 UNEP 官方网站：http://www.unep.org/geo/pdfs/GEO5_SPM_English.pdf。

③ 参见 UNEP, *UNEP Year Book 2010:New Science and Developments in Our Changing Environment*, p. 14, 转自 UNEP 官方网站：http://www.unep.org/yearbook/2010/PDF/year_book_2010.pdf。

④ 《全球生物多样性展望（第五版）》。

⑤ 参见 UNEP, *UNEP Year Book 2010:New Science and Developments in Our Changing Environment*, pp. 26-27, 转自 UNEP 官方网站：http://www.unep.org/yearbook/2010/PDF/year_book_2010.pdf。

的观察数据显示，此次格陵兰岛冰盖融化的面积之大极为罕见。在4天时间里，开始融化的面积从总冰盖的40%陡升到97%。而根据卫星以往的观测纪录，过去30年间，格陵兰岛冰盖融化面积最大的时候，也不过占总冰盖的55%。"① 尽管这次大面积融化持续了4天后便停止，并且"有可能重新冻结"，但类似的环境突变在全球范围内已经变得越来越令人担忧。

此外，一些环境问题在恶化程度上已经逐步接近"临界阈值"（Critical Thresholds）。环境问题中的"临界阈值"是指"一个环境效应或后果能够产生的最低值或最高值"。由于全球和地区性环境问题的持续和加速恶化，已经有一系列的全球、区域的环境或正在接近临界阈值，或已经超过。一旦超过这些阈值，该问题领域的全球或地区性生态支持功能就可能发生突变，且有可能无法逆转。北极冰盖融化和一些近岸海域的富营养化便是典型例证。北极变暖的速度比全球平均速度快1倍；其冰盖夏季融化的面积呈不断扩大的趋势，夏季北冰洋冰层面积每10年缩小8.9%。② 这一趋势被认为是难以逆转的。研究总是不断进步——近年来的一些论文将化学学科中的"临界元素"概念引入了全球环境研究。元素周期表中，临界元素是指金属元素与非金属元素交界处的几种元素。这一概念在环境领域则是指"其变化可能会引起地球环境系统急剧变化的那些环境因素"。目前的研究将印度夏季季风、撒哈拉和西部非洲季风、北极夏季海冰、亚马孙热带雨林、北部森林、③ 大西洋热盐环流、厄尔尼诺南方震荡、格陵兰冰盖、西南极洲冰盖9个环境指标作为全球环境问题的"临界元素"。这些环境指标的变化若突破临界阈值将对全球环境产生重大影响。而目前这些临界元素

---

① 中国气候变化信息网：《NASA卫星图发现：97%的格陵兰冰原开始融化》，http://www.ccchina.gov.cn/cn/NewsInfo.asp?NewsId=32847，以及《格陵兰岛冰盖表层大面积融化》，http://www.ccchina.gov.cn/cn/NewsInfo.asp?NewsId=32826。中国气候变化信息网由国家发展和改革委员会应对气候变化司主办。另有报道称这次冰盖融化的程度为"融化殆尽"，这显然是不准确的。真实的情况如文中所述，是"出现融化现象的面积'突然'"增加至97%。曾有研究指出，如果格陵兰岛冰盖全部融化，全球海平面将会上升7米。

② UNEP, *Global Environmental Outlook 4 (Summary for Decision Makers)*, p. 19, 转自 UNEP 官方网站：http://www.unep.org/geo/GEO4/media/GEO4%20SDM_launch.pdf。

③ 北部森林是指围绕北极圈的森林带，覆盖了地球表面的11%，约占全世界森林总面积的1/3。北部森林大致覆盖着阿拉斯加、加拿大、斯堪的纳维亚和俄罗斯北部的大部地区，70%以上在俄罗斯境内，主要包括针叶树、大齿杨和白桦树。北部森林构成了世界最大的陆地生态系统，也是世界上工业木材和木材纤维的主要来源。

的发展方向均不容乐观。①

行文至此，不难发现一个显著的矛盾：一方面，国际社会为治理全球性环境问题付出了巨大努力。另一方面，全球性环境问题却不断恶化。本书的研究正是要回答这些问题：为什么针对环境问题的国际安排越来越多，但全球性、地区性环境问题却持续恶化？为何现有全球环境治理安排未能对全球环境问题进行有效治理？

当然，与学界的很多其他研究一样，针对本书所要回答的问题，已经有学者提出了自己的解释方案。如张海滨教授在《环境与国际关系：全球环境问题的理性思考》一书中就试图回答"为什么全球环境响应越来越多，全球环境治理日益加强，但全球环境问题却日益恶化呢？"这一问题，并从国际关系的无政府状态和国际体系的不平等性角度作出了解释。② 笔者将在"国内外研究现状述评"部分中，对诸多已有观点在解释力上的优点和不足之处进行述评。在此基础上，本书将继续向上攀登，依据"全球环境治理的结构与过程"的研究来解释"为何现有全球环境治理安排未能对全球环境问题进行有效治理？"这一问题。另外，"全球环境治理""国际环境治理"这两个概念在本章第二部分中将会反复出现，这两个概念的意义存在很大差别。总体来看，国际环境治理强调国家和国家间机制在应对全球环境问题时的主导性作用，而全球环境治理则强调多元化的治理主体在不同层次中建构多层次的跨国治理网络。全球环境治理既包括国家和国家间机制，也包括一系列非国家治理主体及其跨国网络。本书试图以"全球环境治理的结构与过程"为核心进行理论模型建构，以此分析现有全球环境治理安排的缺陷。

（二）研究的边界

任何"科学研究"都有自己的边界，即其要解释的问题的范围，以及针对研究问题所提出的解释方案的解释力范围；任何科学研究均是在其问题范围内具备解释力，而在问题范围之外，则解释力较弱。这构成了某个

---

① UNEP, *UNEP Year Book 2010:New Science and Developments in Our Changing Environment*, pp. 54-55, 转自 UNEP 官方网站：http://www.unep.org/yearbook/2010/PDF/year_book_2010.pdf。

② 张海滨：《环境与国际关系：全球环境问题的理性思考》，上海人民出版社，2008。

研究的"解释力边界"。例如，以"国际冲突"为主要研究问题的国际关系现实主义理论能够很好地解释中东政治，但对欧洲政治则显得解释力不足——这是科学研究本身的解释力边界所致。本书意图研究的问题是：现有全球环境治理安排为何未能对全球环境问题进行有效治理？这里面有两个要素限定了本书研究的问题范畴，进而限定了本书针对该问题所给出的解释方案的解释力边界。

首先，本书的研究对象是"现有的全球环境治理安排"。本书站在全球环境治理的结构与过程的角度，分析"现有的国际安排"，即国家达成相关合作安排之后，为什么这些"安排"没能有效阻止环境恶化，而并非要研究为何国际社会在一些领域中无法达成环境合作。关于后面一个问题，学界已经从集体行动的困境、环境政治国际比较等诸多角度给出了很好的解释方案。而真正针对"'现有的全球环境治理安排'为何未能有效遏制环境恶化？"这一问题的研究，则相对较少，或在解释力上并不能令人完全满意。因此，本书针对"研究问题"所提出的解释方案，在解释力上也是针对"'现有的全球环境治理安排'为何未能对环境问题进行有效治理？"这一问题的，而对"国家间因何无法达成国际环境合作？"这一问题，本书的解释方案则解释力较弱，该问题也不需要本书进行研究。

其次，作为全球环境治理安排的重要组成部分，"'区域环境合作'为何未能对区域环境问题进行有效治理？"这一问题既在本书的研究范围之内，也在本书所提出解释方案的解释力范围之内。从目前的实践来看，很多全球环境治理事务是在区域层次上完成的。比较典型的一个例子是联合国环境规划署的"区域海"计划。为实现对全球海洋环境的治理，联合国环境规划署将全球海洋分成若干区域，由区域内国家对相关海域环境问题进行合作治理。目前区域海洋项目由18个海区构成，分别是南极、北极、波罗的海、黑海、里海、东部非洲、东亚海、地中海、东北大西洋、东北太平洋、西北太平洋、太平洋、红海和亚丁湾、保护海洋区域组织海域、南亚海、东南太平洋、西部非洲、泛加勒比。[①]很多海洋环境合作都是在

①　参见UNEP区域海洋计划官方网站：http://www.unep.org/regionalseas/programmes/default.asp。

上述区域内实现的。以上两点基本限定了本书研究的边界。

（三）研究意义

对"全球环境治理的结构"进行研究，对于全球环境治理理论与实务的发展具有推动作用。一个合作管理和治理的系统若要有效，就必须将所有关键的行为体都纳入治理系统之中。本书所论及的"结构"，首先要讨论全球环境治理诸主体在合作治理中的权威分配问题。与肯尼思·沃尔兹的研究相似，[①] 本书的观点是特定的治理主体间权威分配模式决定了一个治理系统的结构特征。国家、市场、社会三方面的治理主体，在超国家、国家、次国家三个层次上合作治理环境问题，只有存在适当的权威分配结构，这种合作才有可能达成各种利益的平衡与和谐。同时，本书将"行为体的转型"引入"全球环境治理的结构"这一概念之中。这是因为诸多环境治理主体之间的差异非常大，不能像沃尔兹那样简单地因"国家始终是同类的单元"，而将"行为体的差异"直接排除在结构概念之外；[②] 也是因为世界政治当前正经历着史无前例的历史性转折，各类行为体普遍经历着重大的变化。本书将上述两点作为全球环境治理的结构，进行深入系统的研究，将完善现有全球环境治理理论，也将对全球环境治理实务有所助益。因此，对于全球环境治理的结构的研究，具有十分重要的理论和现实意义。

"全球环境治理的过程"一般是指"治理是怎么达成的"。全球治理学者们对于治理的达成需要多元主体共同合作这一观点持有广泛的共识，但是对于"治理"最终在形式上究竟是"单一、综合性的规则体系（Single, Coherent System of Rule），还是多元、分散性的规则体系（Multiple,

---

① 肯尼思·沃尔兹在《国际政治理论》一书中将"国际政治的结构"定义为"体系内的权力分配"。本书在此概念的基础上，将"治理的结构"定义为"诸治理主体的权威分配"。对此，本书第二章有详细论述。

② 肯尼思·沃尔兹：《国际政治理论》，信强译，苏长和校，上海世纪出版集团、上海人民出版社，2003，第124—129页。

Disaggregated System of Rule），学者们之间却存在巨大的分歧"。① 因此，对于诸治理主体"具体是如何进行合作以达成治理？"这一问题，很难进行高度概括的理论阐述。本书依据现有全球和地区环境治理的现实进展，通过对经验事实的考察，最终抽象出描述"诸多全球环境治理主体合作互动方式"的"三环过程模型"。对全球环境治理的过程进行理论抽象，说明诸治理主体合作治理环境问题的理想方式，将有助于分析现有全球环境治理安排在过程方面的不足。

本书对全球环境治理的结构与过程的研究，完善了现有对全球环境治理安排缺陷的分析。现有的研究从国际环境安排过于零散、全球意识与国家利益的矛盾、国际政治的无政府性和不平衡性、全球治理理论等国际关系学视角，以及人口增长、经济发展、集体行动的困境、资本主义制度的缺陷等角度来研究"为何现有全球环境治理安排未能对环境问题进行有效治理？"这一问题。但存在一些这些观点都无法解释的现象。本书的研究则在阐述其主要逻辑和不足的基础上，以全球环境治理的结构与过程为分析框架，尝试填补这些解释力空白。

"在我们这个时代，研究国际关系就等于探求人类的生存之道。"② 政治学的意义在于破解人类群体生活的困境。而自工业革命开启全球化进程之后，人类群体生活的困境就逐步上升到了全球层次，人类所要解决的公共问题也达到了空前的全球规模。公共问题的存在是构成政治社会的前提条件，也是政治社会关注的核心。没有公共问题的国际社会是不能成为社会的，而有了公共问题却得不到治理，这个国际社会也只能永远处于原初状态。当前国际关系中出现的大规模公共问题，其解决途径和方式预示着国际关系旧有的范式出现了危机。③ 客观来看，人类为了应对全球问题的挑战，目前已经在许多议题领域安排了相应的国际制度、机制。但是"执行"却仍然是各类国际安排的阿喀琉斯之踵，甚至执行良好的国际安排也

① Matthew J. Hoffmann, Alice D. Ba, "Introduction: Coherence and Contestation," in *Contending Perspective on Global Governance: Coherence, Contestation and World Order*, ed. Alice D. Ba, Matthew J. Hoffmann (New York: Routledge, 2005), pp. 1-14.

② 卡尔·多伊奇:《国际关系分析》，周启朋、郑启荣等译，世界知识出版社，1992，第1页。

③ 俞正樑、陈玉刚、苏长和:《21世纪全球政治范式》，复旦大学出版社，2005，第57页。

未能达成其目标。应该说，到目前为止，国际社会还没有就全球化过程中涌现出的许多迫切的公共问题达成适当的制度化治理体系。① 本书的研究以"全球环境治理的结构与过程"为核心，分析现有全球环境治理安排在结构与过程中存在的问题，回答"现有全球环境治理安排因何未能对环境问题进行有效治理?"这一问题，这对于构建适当的国际环境治理制度具有重要意义。

二、国内外研究现状述评

对于"现有全球环境治理安排未能对环境问题进行有效治理"这一现象，国际关系学、公共经济学、环境政治学、环境科学、政策科学等诸多学科都进行过一定的研究，也给出了自己的解释方案。然而，上述研究给出的解释方案在其研究边界内均存在一些其无法解释的现象，即存在解释力不足的问题。本部分将综述这些研究，并分析它们的优点及其在解释力方面的不足。在已有研究的基础上，本书将进一步从全球环境治理的结构、过程的角度给出新的解释方案。

（一）对非国际关系学科相关研究的述评

根据学者们的归纳，非国际关系学科对该问题的研究大致有公共政策理论视角、经济发展视角、物质技术与社会技术失控视角、人口视角、文化视角和社会制度视角等六类看法。国内外学者已经对这些解释方案进行了比较全面、深刻的述评。②

1. 公共政策理论视角

自20世纪50年代末至60年代初公共选择理论开始兴盛以来，特别是曼瑟尔·奥尔森于1965年出版《集体行动的逻辑》和哈丁于1968年发表《公用地的悲剧》之后，国际关系学者便开始将相应的学说引入国际关系

---

① 俞正樑、陈玉刚、苏长和:《21世纪全球政治范式》，复旦大学出版社，2005，第58页。

② 张海滨教授对非国际关系学科的解释方案做过比较详尽的述评，本部分的写作部分地参考了张海滨教授的相关研究。参见张海滨:《环境与国际关系：全球环境问题的理性思考》，上海人民出版社，2008，第9—16页。

研究中来，以此理解国家在国际事务中如何形成，或因何无法达成集体行为。其核心逻辑是，"具有个体理性的经济人必然追求投资效用最大化，在这个过程中，个体经济人通常不考虑其行为的外部性。当个体理性因其集体非理性时，集体行动的困境便产生了"。

具体到全球和地区环境治理事务，公共政策理论延续其分析逻辑，认为由于自然资源在性质上属于公共物品而没有明确的产权划分，因此也没有明确的个体对其使用和破坏负有责任。而解决这一困境的方法有两个：一是由国家—政府出面对自然资源进行集中管理；二是对自然资源和环境资源实行私人产权，让市场的力量来平衡环境破坏问题。既然无政府状态是国际政治的基本要素，无法改变，那么解决全球和地区性环境问题的道路便只能是在国际环境资源领域实行明确的私人产权，即将属于国际公物的环境资源划分给各个国家。公共政策理论认为，当一种资源的产权明确为个体所有的时候，产权所有人将自动担负起对该种资源进行保护和合理使用的责任。照此逻辑，将本属于国际公物的环境资源产权化，并分配给各个国家，将促使国家主动保护地区和全球环境和自然资源。

客观地看，在包括国内环境问题的诸多领域中，这种观点是可以被广泛的经验验证的，但在地区和全球性的国际环境问题中，这种观点的解释力却出现了瑕疵。例如，危险有毒废物进口问题本就属于侵害输入国环境利益的现象，在此领域中，环境资源产权非常明确地属于废物输入国，但《巴塞尔公约》等三个全球性环境协议并没有能够有效遏制相关现象。输入国的稽查虽然严格，也没能阻挡废物贸易成为全球性的行当。再如，《联合国海洋法公约》为保护海洋环境向临海国家划分了200海里专属经济区，明确了海洋环境资源的产权，但海洋环境破坏却并未减轻。

2. 经济发展视角

从经济发展和经济制度对于环境资源的需求角度来解释环境恶化问题，是一种为人们所广泛接受的解释方案。这种解释方案将经济增长对环境资源的客观需求、全球性经济发展失衡、市场与政府失灵这三个因素作为地区和全球性环境问题不断恶化的主要原因，即主变量。经济发展视角的核心逻辑经历了一定程度的演进，大致可以分为三种学说。

首先是经济增长说。1972年"罗马俱乐部"发表的《增长的极限》明确提出地球对于人类经济活动的承载能力是有限的。"今天人类所面临的困境正是由于人类经济指数增长的结果，为了摆脱困境，人类必须停止经济发展和人口增长，实现零增长以维持人类与自然的平衡。"① 这种看法曾经产生过很大影响，但其将经济增长与环境保护片面对立起来，忽视由于技术发展、社会结构变化可能带来的经济与自然和谐相处的可能性，因而很快被新的学说所取代。其次是发展失衡说，这种观点在批评经济增长说的基础上，提出发展不足和发展失当导致环境问题不断恶化。其思想实质是贫穷引发对环境的过度开发，而富裕又往往建立在高污染的基础上。② 再次是市场失灵与政府失灵说。这类观点认为，由于如大气、河流等环境资源无法明晰产权，市场无法自发对其进行保护，加之政府失灵的情况，导致环境问题不断恶化。应当承认，从经济视角解释环境恶化现象是具有较好解释力的。从经验现实出发，也的确存在经济发展与环境恶化趋势同向变化的现象。

但这一视角依然存在两点解释力缺陷。其一，经济视角更多的是能够解释"因何环境恶化？"而非"因何治理无效？"。毋庸讳言，工业革命以来，经济发展越来越建诸对自然资源和环境资源的需求之上。而"全球环境的恶化"与"全球经济的增长和资本主义生产方式的全球散布"之间有着紧密的联系，但此两者衍生出的全球性公共问题，如金融、贸易等，均在国际合作中得到了相应的治理，唯独在全球和地区性环境问题中，国际合作没能取得良好效果。由此来看，经济增长或许会带来环境问题，但未必导致针对环境问题的治理安排变得无效。其二，虽然政府失灵可以解释政府片面关注经济增长而忽视环境保护，但环境治理安排的适当性恰恰体现在其能否协调各国、各类利益。片面强调市场失灵和政府失灵而不针对环境治理安排进行研究，很难具有说服力。

3. 物质技术与社会技术失控视角

技术失控视角具有广泛的影响。这种观点将"人类现有社会制度对现

---

① 丹尼斯·米都斯等：《增长的极限：罗马俱乐部关于人类困境的报告》，李宝恒译，吉林人民出版社、中国环境科学出版社，1997。

② 世界环境与发展委员会编《我们共同的未来》，王之佳等译，吉林人民出版社，1997，第33页。

有巨大物质技术的无力驾驭"作为全球问题之源。其核心逻辑在于，人类在全球维度上的群体生活的困境——全球问题，正是人类智慧对其自身发展出的巨大物质技术的无力驾驭，与资本主义生产方式和自由市场机制这两种关键性社会技术的内在逻辑缺陷相结合的产物。在西方发达国家的大力推动下，上述两种社会技术在全球广泛散布，致使这种困境随之出现了全球性的扩张，使问题具有了鲜明的全球性。①

这一视角提出，"自工业革命、电力革命和新科技革命以来，人类创造出了远远超越往昔数千年之总和的物质技术，人类的物质技术在这一时期高速发展。这一方面极大地提高了人类的社会生产力，在短短一百年中为人类社会积累下了巨大的物质财富和改造世界的物质力量；另一方面，人类的智慧在自己所创造的物质文明面前也愈发地显得苍白无力，愈发地无法驾驭自己创造的物质技术。诸如核武器、克隆人这样的物质技术，人类智慧在将其创造出来之后，却无法面对其巨大的、无法判别有益与否的力量，只好通过立法的方式禁止之（如《全面禁止核试验条约》）。但是，对于一些表面上对于人类有益的物质技术，如让食用动植物产量更高的化学药剂、激素、饲料等，人类则是趋之若鹜。也正是这些技术，由于人类很少对其加以真正有效的限制，给人类及其生存的生物圈造成了相当巨大的灾难。这便是当代全球问题的物质技术基础。而两种关键性的社会技术——资本主义生产方式和市场机制的全球散布则显然无法应对物质技术的滥用。资本主义生产方式的生命之源在于消费，消费的动力来自人的欲望；如果说人的需要终究是有限的，那么人的欲望则是毫无理性的。资本主义生产方式运行的本质在于把人当作消费工具，刺激人的消费欲望，并通过满足这种欲望来创造利润。这种逻辑上的缺陷造成人与自然关系的紧张。市场机制在全球范围的扩张将全球经济连成一体，全球性市场一旦在环境领域中出现市场失灵，现有无政府状态的国际体制将很难应对。上文中所提到的全球问题的物质技术基础一旦与这两种社会技术结合在一起，将会引起无可估量的影响"。②

---

① 杨晨曦：《社会技术视角下的全球问题源起》，《理论界》2009年第3期。
② 杨晨曦：《社会技术视角下的全球问题源起》，《理论界》2009年第3期。

应当承认，物质技术与社会技术失控视角能够获得广泛的影响力，绝非偶然现象。这一视角有着很好的逻辑构造和社会思潮背景。物质技术空前发展，而人类对其进行驾驭的社会技术却没能跟上变化，这在本质上与马克思主义所强调的上层建筑要与经济基础相适应有类似之处。其内在逻辑合理性是较强的。而历次西方世界遭遇经济社会危机之时，都会出现对其社会、经济制度的反思。在这个意义上，此种视角也迎合了当下西方社会思潮。

但是，如果深入地观察经验现实，也不难发现这一视角的缺点。首先，尽管物质技术存在失控风险，社会技术也存在缺陷，但要直接认定其"失控"，似乎也过于武断。一个基本的事实是，人类社会在创造出巨大物质技术的同时，也在加强对其的管制。在环境领域中，相关的案例可以在有毒废弃物贸易、有机废物控制、氟利昂替代等众多领域中轻易地发现。其次，各类国际环境治理安排本身也是"社会技术"的一部分，也承担着对物质技术进行国际管控和弥补国际政治无政府缺陷的功能。环境保护的巨大成本决定，只有通过包括市场安排在内的适当环境治理安排，这些环境保护技术才能得到广泛应用，在国际层面尤其如此。如果认为当前人类所发展出的社会技术对环境恶化起到了推波助澜的作用，则必须说明国际环境治理安排本身的缺陷，不能泛泛而论。

4. 人口增长视角

人口增长视角认为，最近一个世纪以来的全球人口爆炸导致人类对各种自然资源的需求越来越大，而资源承载能力有限的地球无法应对人口爆炸带来的不理性经济活动，环境危机由此产生。[①] 这种观点得到了很多学者的赞同。如美国奥杜邦协会（National Audubon Society）前主席拉塞尔·彼得森（Russell W. Peterson）提出，"几乎所有的环境问题，几乎所有的社会和政治问题，要么是由于人口增长造成的，要么由于人口增长而变得更加严重……目前，世界许多地方有迹象表明，我们人类的繁殖已经开始超过这个星球的承载能力"。[②]

---

① 张纯元：《新人口论》序言，载马寅初：《新人口论》，吉林人民出版社，1997。
② 转自巴里·康芒纳：《与地球和平共处》，王喜六等译，上海译文出版社，2002，第131—132页。

　　然而，将人口增长作为"国际环境治理安排不能有效治理环境问题"这一现象的主变量，是存在着明显缺陷的。美国著名环境科学家巴里·康芒纳（Barry Commoner）的污染公式（污染总量＝单位商品的污染×人均商品数×人口总数）说明影响污染总量的主要变量至少有三个，并不能将人口总数不加分析地作为主变量。经验现实也支持了康芒纳的研究：人口增长与环境恶化之间并不存在线性对应关系，自然资源的消耗和环境状况的恶化速度要高于人口增长速度。[①]不难看出，在人口增长之外，必然尚有其他因素成为推动环境恶化的重要变量，不宜将人口增长作为主变量来看待。

　　5. 文化视角

　　这一视角认为，环境恶化是因为长期以来作为人类主流价值观的人类中心主义对人类的实践活动产生了直接的指导作用。[②]这种价值观将人类的利益作为这个星球上唯一重要的价值。工业革命以来，在人类中心主义和理性狂热的思想指引下，人类开始了现代意义上的对自然的改造。"传统的价值观的突出特点是功利和实用。从伦理学的角度看，功利主义的观点是导致经济活动负效应产生的根源，实用主义的观念造成了技术的滥用。这种价值观是人类中心主义的观点，环境对于人而言只是被利用的工具和奴隶；人对环境只有征服和压迫。这种狭隘的人类沙文主义式的环境观，割裂人与环境的共存和谐关系，对人类自身的利益造成了根本的伤害。"[③]

　　人类中心主义价值观的确是"国际环境治理安排未能有效治理环境问题"这一现象的文化背景，但要将其作为主变量，则显得有些牵强。经验事实是，这种价值观在西方文明史中延绵了2500年之久。早在公元前5世纪古希腊哲学家普罗泰戈拉就提出"人是万物的尺度"，直至文艺复兴时期，英国思想家培根、洛克等众多思想巨匠都持有此种观点。最近50多年来，随着世界环保运动的兴起和反智思潮的出现，人类中心主义价值观出

　　① UNEP, *UNEP Year Book 2010:New Science and Developments in Our Changing Environment*, pp. 54-55, 转自UNEP官方网站：http://www.unep.org/yearbook/2010/PDF/year_book_2010.pdf。

　　② 张海滨：《环境与国际关系：全球环境问题的理性思考》，上海人民出版社，2008，第13页。

　　③ 蔡守秋等：《环境法的伦理基础：可持续发展观——兼论"人与自然和谐共处"的思想》，《武汉大学学报》2001年第54卷第4期，第54页。

现了退潮；也恰恰是最近50多年来，全球性环境危机达到了前所未有的规模和尺度。[①] 显然，这其中尚有其他因素起到更为决定性的作用。

6. 社会制度视角

社会制度视角从资本主义生产方式和社会制度的本质特征出发，认为以追求经济利润最大化为根本目标的资本主义生产方式是全球环境问题不断恶化的主要原因。其核心逻辑是，资本主义制度高度依赖快速、稳定的经济增长；资本主义生产方式必然依赖强制消费的方式维持其生命力，而这一切都离不开对环境资源的消耗。这便导致资本主义制度必然将其繁荣建立在环境破坏的基础上。实际上，这种看法与"物质技术与社会技术失控视角"中的"社会技术缺陷"一说在本质上具有一致性。

从社会制度的缺陷来解析人类所面临的环境危机，在逻辑上和现实中都具有较好的解释力——毫无疑问，在人类群体生活的组织形式与人类群体生活的困境之间，是存在着必然性联系的。但这一视角与前述"社会技术"视角出现了同样的缺点：忽视了资本主义生产方式及其社会制度同样孕育出了显著的生态文明，而片面强调其对环境资源的依赖和破坏；忽视各类环境治理安排自身的缺陷，而对问题进行过度抽象，片面强调资本主义制度这一总体性因素。

（二）对国际关系学科相关研究的述评

国际关系学科对于本书研究问题的回答可以归纳为"国际政治无政府状态与不平等性视角""国际环境治理安排整合度视角""国家间利益差异与利益分歧视角""全球、地区利益与国家利益矛盾视角"和"全球治理视角"等五个解释方案。下面将依次进行评述。

1. 国际政治无政府状态与不平等性视角

这类观点认为，是国际政治无政府性和国际政治的不平等性共同导致国家片面关注经济实力和军事实力，对环境利益则关注较少，进而使得国

---

① 张海滨：《环境与国际关系：全球环境问题的理性思考》，上海人民出版社，2008，第15页。

际环境合作难以达成、效能低下。[①] 这种看法的核心逻辑大致可以归结为以下两点。

其一，国际政治的无政府特性引发了国际关系的自助体系，这便造成了安全困境的广泛存在。在这种体系中，国家只能通过增强国力来保护自己。而国家在安全困境中所追求的"国家力量"，主要是指经济实力和军事实力；经济和军事实力越是强大，国家安全便越有保障。因此，"无政府状态导致落后国家实施赶超战略，追求超常发展"。[②] 这便促使国家片面追求经济的快速发展，忽视环境问题，或忽视自身环境的承载能力，或明知其环境恶果而为之。显然，在"超常发展"的过程中，经济发展利益与环境保护利益经常是无法协调的。同时，无政府状态和自助体系引发了广泛的军备竞赛。相互竞争的国家不得不将大量人力、物力资源用于与军事力量相关的重工业，导致污染大大增加；而环境保护的财政和人力资源则受到侵占。多数国家不愿在环境保护方面投入过多资源。

其二，不平等是国际政治的基本现实，也是导致全球环境问题持续恶化的原因。当代世界财富分配呈现出全球性的严重不均，这已是广为人知的事实。在这个事实的背后，是巨大的环境资源分配不均。富裕国家对于环境资源的消耗，如淡水消耗、污染排放、废物产出、温室气体排放等，远远高于落后国家十数倍到数十倍。发达国家的环境状况趋于稳定，它们既有贯彻环境政策的能力，也有应付环境变化的办法，而发展中国家则恰恰相反。富裕国家的财富积累在根本上是建立在占有全球绝大部分环境资源的基础上的。而国际环境合作客观上要求对全球自然资源和环境容量进行重新分配，重构国际环境公平。这意味着将触动发达国家在现有国际体系中的优势地位，这是发达国家所不允许的。国际环境合作因此显得举步维艰，困难重重。[③]

[①]　国内的研究中，张海滨教授的《环境与国际关系：全球环境问题的理性思考》一书，便是此类观点的典型代表。参见张海滨：《环境与国际关系：全球环境问题的理性思考》，上海人民出版社，2008。

[②]　张海滨：《环境与国际关系：全球环境问题的理性思考》，上海人民出版社，2008，第253页。

[③]　张海滨：《环境与国际关系：全球环境问题的理性思考》，上海人民出版社，2008，第261—266页。

由于上述原因，这类观点认为，在国际政治无政府状态和严重不平等的现实背景下，现有国际环境治理安排未能充分有效治理全球环境问题。

应当看到，这类观点有着非常明显的优点。其最大的理论贡献是，明确提出全球环境治理问题是国际政治问题，而非其他。长期以来，学者们一直认为环境治理问题在本质上是经济发展问题，或人口增长问题，或集体行动的困境，又或经济社会制度对人的异化，等等。照此推论，若要解决环境治理的困境，只能在这些方面作出改变。而"国际政治无政府状态与不平等性视角"则较早地厘清了全球环境治理问题的国际政治本质，深刻地揭示了"现有国际关系体制是全球环境问题持续恶化的根本原因"这一理论结论。并且，这一视角对于全球环境问题的持续恶化具有一定的解释力。

但这一视角也存在一些解释力缺陷。首先，将国际环境治理安排未能充分有效治理全球环境问题的原因归结为国际政治的无政府性和不平等性，存在着"抽象程度过高"的问题，即对问题的回答不具体。须知，国际政治的无政府性和不平等性是威斯特伐利亚体系以来的一贯特征，是国际关系运行的大背景；几乎所有出现"国际合作很难达成""国际合作效果不佳"的国际事务，都可以在这两个因素中找到原因。如冷战中的"东西问题"、冷战后格外突显的"南北问题"，甚至现实中的"恐怖主义"等国际政治问题几乎都可以高度地抽象为"国际政治无政府状态"和"国际政治不平等"这两个要素的副作用。片面强调这两个因素，而不着重分析国际环境治理安排本身存在的问题，总是令人有隔靴搔痒之感。其次，认为国际政治的无政府性和不平等性造成国际环境治理安排未能充分有效治理全球环境问题，则无法解释因何在一些环境领域国际环境治理收到了良好的治理效果。例如，如上文所述，全球温带森林破坏形势已经实现了根本性的逆转，温带森林面积正在以每年3万平方千米的速度增长。再如，在《蒙特利尔议定书》的作用下，平流层臭氧层保护已经取得显著效果。难道类似的国际环境治理安排不是运行在国际政治无政府状态和不平等性之中的吗？最后，认为国际政治无政府状态下国家会首先追求经济发展和军事利益，并因此导致现有全球环境治理安排效能不足，同样存在问题。因为经济增长更多的是能够解释环境恶化的原因，而非现有全球环境治理安排效能不足的原因。并且，全球环境治理安排的有效性恰恰体现在其能否协调各国、各类利益。可见，对于现有全球环境治理安排在总体上未能有效治理环境问题这一现象，还是要对这些国际安排本身的特点和缺陷方面进行研究、寻找答案。

　　2. 国际环境治理安排整合度视角

　　这种视角的核心逻辑是：现有全球性、地区性国际环境治理安排及其相关制度设计本身的整合度不高，导致其不能充分有效解决全球性、区域性环境问题。

　　在全球层面，这种视角提出，尽管现有"零散、破碎的全球治理结构"（Fragmented Global Governance Architecture）在推动较小规模的国际环境协议方面起到一定作用，但"小规模的国际环境协议能否推动整体治理水平则是令人怀疑的"。[①] 在零散的全球环境治理安排中，"当重要的'结构机制'要素未能得到解决时，在个别领域达成的较小规模的共识可能与长期成功背道而驰"。[②] 并且，"如果从长期来看，零散的国际环境合作也会降低国际社会应对环境问题的雄心……如果没有一个包含整体性要素的综合性共识的话，一旦利益图景变化或新的形势出现，国际社会将难以达成共识。零散的国际协议将会降低达成一揽子协议的机会，这又会大大降低总体性的政策制定和政策有效性"。[③] "经济模型在对各种综合性和分散性气候机制假定进行对比后，也得出结论认为针对气候问题的国际机制越是零散，将温室气体排放控制在低水平所要付出的成本就越高。这是因为人

---

　　① Frank Biermann, Philipp Pattberg, Harro van Asselt, Fariborz Zelli, "The Fragmentation of Global Governance Architectures: A Framework for Analysis," *Global Environmental Politics*, February, 2010, pp. 14-40.

　　② Harro van Asselt, Frank Biermann, "From UN-ity to Diversity? The UNFCCC, the Asia-Pacific Partnership, and the Future of International Law on Climate Change," *Carbon and Climate Law Review* 1 (1), pp. 17-28.

　　③ IPCC, *Climate Change 2001: Mitigation – Contributing of Working Group III to the Third Assessment Report of the Inter-governmental Panel on Climate Change* (Geneva, Switzerland: IPCC), pp. 626-627, 转自 IPCC 官方网站：http://www.ipcc.ch/ipccreports/tar/wg3/pdf/10.pdf。

们不得不在各个零散的机制中依次达成协议。"[1] "分布在各个区域的零散的国际环境机制和法律经常会促使商业行为体在不同水平的环境责任之间进行选择，这可能会造成这些零散的机制'竞相降低标准'（Race-to-the-bottom）。"[2]

在地区层面，持此类观点的学者经常以东北亚地区国际环境合作的现实作为例证。"如果将（东北亚）众多环境会议的首字母缩略词放在一起，那看上去就像是一个字母表……尽管自20世纪90年代起就出现了很多旨在提升区域环境状况的努力，但这些努力却严重缺乏协调性、系统性"，[3]因而不能实现地区环境的有效治理。

这种观点是将国内政治关于机构臃肿、重复设置和缺乏统一管理导致相互推诿、效率低下的经验引入了全球和地区环境治理的相关研究。因而，持这种观点的学者所提出的建议，往往最终指向了实现地区乃至全球性的"环境政策一体化"（Environmental Policy Integration）。环境政策一体化包括"内部一体化"和"外部一体化"两个方面，前者是指各类环境政策之间的整合，后者是指环境政策与其他经济、社会政策之间的整合。环境政策一体化程度越高，区域乃至全球环境治理的效能便越好；而实现环境政策一体化的路径当是建立一个统一、协调的区域性环境组织或环境制度。"从长期来看，将联合国环境规划署升级为一个联合国的专业性组织机构，辅之以更加流畅的制度和机构，将为环境政策一体化提供巨大的潜力。"[4]

然而，这种观点的两个逻辑环节都存在问题。首先，如果认为当前全

---

① Hof, Andries, Mechel den Elzen, Detlef van Vuuren, "Environmental Effectiveness and Economic Consequences of Fragmented Versus Universal Regimes: What Can We Learn from Model Studies?" in *Global Climate Governance Beyond 2012: Architecture, Agency and Adaptation*, ed. Frank Biermann, Philipp Pattberg, Fariborz Zelli (Cambridge, UK: Cambridge University Press, 2010).

② Vormedal, Irja, "The Influence of Business and Industry NGOs in the Negotiation of the Kyoto Mechanisms: The Case of Carbon Capture and Storage in the CDM," *Global Environmental Politics* 8 (4), pp. 36-65.

③ Yearn Hong Choi, "Cooperative Environmental Efforts in Northeast Asia: Assessment and Recommendations," *International Review for Environmental Strategies*, Vol. 3, No. 1, 2002, pp. 137-151.

④ Frank Biermann, Olwen Davies, Nicolien van der Grijp, "Environmental Policy Integration and the Architecture of Global Environmental Governance," *International Environmental Agreements: Politics, Law & Economics*, Nov 2009, Vol. 9 Issue 4, pp. 351-369.

球和地区性国际环境合作过于零散且相互重叠，因而造成其效能不足，那么我们观察到的现实就应该是各个多边、双边机制的相关规定出现相互矛盾甚或冲突，造成这些环境合作机制本身工作效率低下。但实际上，我们观察到的现象恰恰相反：这些已经建立起的多边、双边机制，尤其是一些具体合作机制的运行并没有过多地受到机制零散、重叠的影响；而是每年都可以通过这些机制达成大量具体合作项目。如《京都议定书》框架内建立起的"清洁发展机制"（Clean Development Mechanism，CDM），经过数年的发展便成为在发达国家和发展中国家间实现减排安排的重要桥梁。目前全球碳市场极其活跃，已经出现了清洁发展机制信用一级和二级市场。[①] 须知，清洁发展机制同样是在全球气候变化的各类零散机制背景中运行的，而其运行之顺利并未受到机制整合度不好的影响。清洁发展机制存在一些问题，实际减排效果受到影响，则是这一机制本身的缺陷造成。再如，东北亚地区环境治理安排之零散是不争的，但"中日节能环保综合论坛"仅在2010年就达成44个合作项目，涵盖多个环境保护领域。

其次，认为机制零散造成综合性机制很难达成、降低综合性机制的有效性，也不符合经验事实。事实上，相当多的全球性环境安排均是在地区层面以较小规模的环境安排来实现的，如上文所述的联合国环境规划署"区域海"计划等。虽然欧盟、北美地区的一些区域性环境法规严于亚非拉地区，造成环境破坏转移，但这并不能完全归因于环境机制的零散，其还取决于其他的因素，如经济发展阶段、社会自组织程度等。若无严谨的相关性定量分析，不能认定国际环境安排的零散性即是主变量。并且，"竞相降低环境标准"的做法虽然存在，但以现有的经验事实来看，其并不是主流趋势。恰恰相反，20世纪70年代以来，世界各地区、各国的环境标准处于不断提升的过程中。因此，很难认为国际环境机制的零散性造成"现有国际环境安排未能有效治理环境问题"。

最后，认为建立政府间综合性全球和地区环境保护组织，就能提高全球和地区环境治理水平的想法，同样存在问题。因为，如果在公共权力独

① 庄贵阳、朱仙丽、赵行姝：《全球环境与气候治理》，浙江人民出版社，2009，第143—144页。

享全部合法强制力的国内政治中，"政府失灵"都是一种普遍的现象，导致经常无法实现各类政策的综合考量——"政策一体化"，那么，很难想象在全球和地区环境治理中，综合性的地区国际环境组织能够具有更强大的力量。事实已经证明，环境治理不能仅仅依靠"国家—政府"的力量，而是必须吸纳超国家层次和社会层次的诸多治理主体分享治理权威、共同参与治理行为。

3. 国家间利益差异与利益分歧视角

国际关系的研究总是以"对国家利益的判断"为基点的。这里的"利益差异"是指各国因发展阶段的不同和一些其他因素所导致的对各种不同国家利益的价值排序，如一些发展中国家更为重视经济发展利益，有些发达国家则可能对环境利益更加关注。这里的"利益分歧"是指，在国际环境合作中各国总是更加注重相对收益，如历次气候谈判中各国对于减排量、适应技术、援助资金的筹集和分配总是存在重大分歧。这一视角的核心逻辑是，国际政治现实中的国家间利益分歧和差异造成国际环境合作难以达成、国际环境协议只能寻找"最小公约数"、国家参与国际环境合作并不真诚。凡此种种，都导致国际环境治理安排不能有效治理环境问题。其具体逻辑推论如下。

首先，这种观点提出，各国由于处于不同的经济社会发展阶段而存在广泛的利益差异，因而对于全球环境问题的关注度显著不同。"这是因为环境管理是以发展阶段为背景的。许多研究都表明，国家对国际公共物品（International Common）的投资与其在私物方面的积累是同步增长的。实际上，人们只有在私物积累水平非常高的时候，才会对公共物品抱有兴趣。"[1] 在这个意义上，一些发达国家因其雄厚的国家财富和技术能力储备，可以将环境保护作为重要的国家利益来对待。但由于与发达国家在经济社会发展水平和国家财富积累方面存在巨大鸿沟，发展中国家必然将经济建设作为首要的国家利益，而环境状况、环境政策执行力、环境恶化适

---

① Timothy Swanson, "Relations Between Nations: The Reasons that Different States View the Same Problem So Differently," in *Global Environmental Problems and International Environmental Agreements*, ed. Timothy Swanson, Sam Johnston (Cheltenham, UK: Edward Elgar Publishing Limited, 1999), p. 69.

应力等则不是发展中国家的首要国家利益。这种利益差异决定国际环境合作的有效性大打折扣。

进而，这类观点指出，由于各国间存在巨大的利益差异和利益分歧，所以国际环境协议往往只能寻找最小的利益交集，即国际环境协议往往是各方利益的"最小公约数"。持此类观点的学者经常列举两个例子来证明这一点。一是《联合国海洋法公约》（UN Convention on the Law of Sea）的签订情况："《联合国海洋法公约》并没有获得足够的支持，如联邦德国、英国、美国等重要国家都没有签署这个公约。海洋法公约没能为这些重要国家所接受的一个主要原因是，其条款将深海海床排除在了国际司法之外。对于发达国家来说，这一条款是无法接受的：它们的企业已经在深海海床技术和探测方面投入了大量资金。"[1] 二是1992年里约热内卢联合国环境与发展大会的相关情形。这次会议的一个令人失望之处是为了达成共识，诸如人口、能源、生产与生活方式等一系列关键问题被淡化了。国家间利益差异与利益分歧视角认为，类似的例子说明，在国际环境合作中，由于各国间的利益差异，很多环境协议和国际制度不得不寻找最小的利益交集。这限制了国际环境协议的效力。

更进一步，这种观点质疑国家参与已经达成的国际环境协议的真诚度。"建立高效的国际环境法律的最大障碍是，各国对于同一问题总是有着不同的看法。尽管环境问题是所有国家共同关心的'公物'，但各国对其的看法却因国家利益的差异而不同……即便各方能够接受一个共同协议，这个基于各方共同行为的协议所得到的真正支持也并不会太多。"[2] 持此类观点的学者尤其强调，国家参与国际环境治理时，因其对"相对收益"的考量而使环境合作很难深入。如在减缓、适应、资金、技术等方面，全球气候谈判均显得举步维艰。2011年年底的德班气候峰会更是在京都议定

---

[1]　Timothy Swanson, "The Evolution of International Environmental Agreements: Negotiations after Negotiations," in *Global Environmental Problems and International Environmental Agreements*, ed. Timothy Swanson, Sam Johnston (Cheltenham, UK: Edward Elgar Publishing Limited, 1999), p. 170.

[2]　Timothy Swanson, "Relations between Nations: The Reasons that Different States View the Same Problem So Differently," in *Global Environmental Problems and International Environmental Agreements*, ed. Timothy Swanson, Sam Johnston (Cheltenham, UK: Edward Elgar Publishing Limited, 1999), p. 69.

书第二承诺期的问题上争论不休，最终也只能寻找各方利益的"最小公约数"。即便各方放弃了很多关键要素，并最终以最小利益交集为核心内容达成了相关条约，国际环境协议的履约困境依然存在。国家并不一定十分真诚地履行条约义务。

由此，此类观点将国家利益差异和利益分歧作为国际环境治理安排未能充分有效治理环境问题的根本原因。

应当看到，这一看法有其优点。政治现实主义总是将以权力界定的利益作为理解国家行为的指针；新自由主义者虽然对国家利益的内涵进行了补充，将经济福利等要素在价值上平行于权力；建构主义者则以认知理解利益，但后两者对于"以国家利益理解国家行为"这一点也没有改动。从国家利益差异和利益分歧的视角出发，的确可以帮助我们理解全球环境治理安排存在缺陷的原因，进而在一定程度上能够解释因何全球环境治理安排未能应对环境恶化这一问题。

但是，这种解释方案依然难以令人满意。第一，对这种解释方案最根本的批评在于，国家利益分歧或利益差异这两个要素并不是一个能够解释具体问题的"变量"，而几乎是一切国际事务中的"常量"，即大背景。以利益分歧和利益差异作为解释方案，无法说明为什么在诸如军备、金融、贸易等其他重要国际事务中，国家可以通过建立各种合作机制协调不同利益，而全球环境治理事务却成为例外。须知，国际环境合作与国际经济、金融、能源合作相比，在涉及利益的分歧程度、零和性、根本性等方面并没有明显区别。本书的目的即是要回答为什么全球环境治理安排未能获得良好的治理效果这一问题，这里面便包含着"为何很多全球环境治理安排未能协调各方利益，从而有效治理环境恶化？"这一问题。因此，要找到国际环境合作未能解决环境问题的原因，就必须理解其特殊性，即"变量"。

第二，国家利益差异和利益分歧的确能够较好地解释"为何环境合作难以达成"，以及"合作达成后为何运转不利"这两类现象。但人们经常观察到的经验事实却是，国际社会达成了大量的全球环境治理安排，其中很多治理安排总体上运行也是顺畅的——在地区层面上尤其如此，但这些环境治理安排虽然得到履行，却未能完成其既定环境目标。如在"清洁发展机制"的框架下，发达国家和发展中国家间每年均达成大量具体合作项目，但这些合作项目却往往出现了对二氧化碳减排的反向激励。作为国际环境治理安排，清洁发展机制在促进非二氧化碳类温室气体减排方面有所进展，但在二氧化碳减排方面却未能完成预期目标，这便很难用国家间利益差异和利益分歧来解释，而只能从这一治理安排本身上来寻找原因。

　　第三，有少数研究从此类观点的逻辑出发，认为主要环境大国出于相对收益和利益分歧的考虑，在环境合作中并不真诚。然而，如表1所示，事实却是，目前全球性环境协议已经相当丰富，涉及面基本涵盖全部全球性环境问题，且缔约方普遍在一百个以上。从履约情况来看，多数达成具体治理安排的环境机制的缔约方基本上完成了相关承诺。如果缔约方并不是真诚参与国际环境合作，那么也就没有必要在国际环境条约的谈判过程中进行激烈博弈。在地区层面上，东北亚地区作为唯一一个遗留冷战格局的区域，且区内各国发展阶段差异较大，相对于欧洲和北美，东北亚各国间的利益分歧和利益差异显然更为显著，但这并没有对功能性的环境合作构成重大负面影响，相反东北亚各国环境合作的密度和广度都达到了相当高的程度，该地区已有地区环境论坛三个、地区多边海洋和大气环境项目各一个，地区六国间十五对双边关系中各类环境合作协议、委员会密度业已很高。从全球和地区两个层面来看，如何能认为国际环境治理安排中各国、各方合作"并不真诚"？毕竟，真诚的态度并不一定带来好的结果，因此才需要研究现有全球环境治理安排本身的缺陷。虽然相对收益是各国要考虑的重要变量，但如果某个国家认为其在合作中的相对收益严重失衡，该国完全可以不参加合作，而无须在合作中消极应对。

　　第四，虽然存在国际环境谈判因各国利益差异和利益分歧严重而不得不寻找"最小公约数"的情形，甚至出现主要环境大国拒绝签署一些国际环境协议，从而削弱了其效用的现象。此外，也有学者从国家间利益分歧的角度出发，引入公共政策理论关于集体行动困境的学说来分析全球环境治理中集体行动难以达成的原因。这种看法认为国家的个体理性通常不考虑其行为的外部性，从而造成集体行动的困境。但是这种观点忽视了一个基本逻辑：建立各类国际治理安排的目的恰恰在于协调各方利益，达成共同行为。"如何能使一个主权国家对国际环境问题负责？这便是国际环境协议的功能。"① 可见，如果不能回答现有全球环境治理安排究竟有何缺陷，从而无法协调各方利益，而只是强调各方利益分歧和利益差异，则显得解释力不足。

4. 全球、地区利益与国家利益矛盾视角

这一解释视角脱胎于公共经济学关于"集体行动的困境"与理性选择逻辑的研究，国际政治学学者将其移植到本学科视域中，提出全球利益、地区利益与国家利益的矛盾导致全球环境治理安排未能解决全球和地区环境问题。其核心逻辑是：国家就其本质来看，总是要优先追求国家的个体利益而忽视全球利益。由于向境外转移污染一般要比在境内治理污染的成本更低，因而国家在理性选择中会将国内污染转移到国外，忽视全球环境利益。

这种解释视角指出，当人们将国家作为一个理性的个体来研究其行为时，其研究范畴就必然不得不围绕两条基本的定律展开：一是"有时只要每个个体只考虑自己的利益，就会自动出现一种集体的理性结果"；二是"有时第一条定律不起作用，不管每个个体多么理性地追寻自我利益，都不可能自动出现一种集体的理性结果"。② 按照这种逻辑，在涉及国际公共物品的事项中，第一个定律往往在"对公共物品偏好最大的国家恰好也是供给能力最强的国家"的情况下实现，如主要航运大国在亚丁湾海域对过往商船进行护航，主要经济、金融和贸易大国牵头构建并维护世界经济体制，等等。这些例子中，主要相关大国既对该种公共产品具有极强的偏好，又有很好的供给能力，于是该种国际公共产品的供给便顺利实现。第二个定律则往往在"对特定公共产品具有供给能力的国家明显偏好不足，而对特定公共产品具有偏好的国家又没有供给能力"的情形中出现。全球和地区性环境问题则非常典型地符合这类情形。

"'主权国家'的本质意义在于，每个国家只是对于管理自己的自然资

---

① Timothy Swanson, "The Foundations of International Environmental Law: Recognition, Negotiation and Evolution," in *Global Environmental Problems and International Environmental Agreements*, ed. Timothy Swanson, Sam Johnston (Cheltenham, UK: Edward Elgar Publishing Limited, 1999), p. 85.

② Mancur Olson, "Foreword," in *Collective Action: Theory and Applications*, ed. Todd Sandler (Michigan: The University of Michigan Press, 1992), p. 2.

源负有责任……所有这些独立的国家都声称对其境内环境资源的使用拥有全部权利。这种碎片化的政治权威以及各国对于主权让渡的不情不愿，造成各国间达成地区和全球性环境合作非常困难。作为理性的行为体，国家总是优先考虑本国利益，而非国际利益或全球利益。"① 换而言之，就其理性选择而言，有能力对全球环境构成影响的主要环境大国，总是会"将污染转移至国外"这一政策选项置于"在国内治理污染，并积极参与全球环境治理"这一选项之前。赞成这一视角的学者经常会将个别环境大国拒绝参与国际环境治理安排作为证据。"美国在环境问题上表现出了严重的单边主义情结。美国拒绝批准《控制危险废物越境转移及其处置巴塞尔公约》（Basel Convention on the Control of Transboundary Movements of Hazardous Wastes and Their Disposal）及其相关的针对其他有毒物质跨境转移的条约、拒绝批准《京都议定书》、公开并突然拒绝批准《联合国海洋法公约》等一系列事件都显示出，美国正在着力避免承担重要的全球性环境责任。"②因此，这一视角提出，在全球性环境治理事务中，民族国家必然将本国利益置于全球利益之前，此两者之间的矛盾造成全球环境治理安排未能充分有效治理环境问题。

在地区层面上，持有此种观点的学者经常会以东北亚地区环境治理作为有力的证据。他们提出，良好的区域国际环境合作依赖一定的地区政治、经济、文化特性。"这些（东北亚区域性环境）安排的性质和有效性是随着（东北亚）地区的政治、经济性质的变化而变化的。"③ "对于有效的区域合作构成重要影响的因素包括对于国家经验的共同认知，对传统价值和

---

① Marvin S. Soroos, "Global Institutions and the Environment: An Evolutionary Perspective," in *The Global Environment: Institutions, Law and Policy*, ed. Regina S. Axelrod, David Leonard Downie, Norman J. Vig (Washington, D.C.: CQ Press 2005), p. 21.

② Elizabeth R. DeSombre, "Understanding United States Unilateralism: Domestic Sources of U.S. International Environmental Policy," in *The Global Environment: Institutions, Law, and Policy*, ed. Regina S. Axelrod, David Leonard Downie, Norman J. Vig (Washington, D.C.: CQ Press 2005), pp. 181-182.

③ Wakana Takahashi, "Formation of an East Asian Regime for Acid Rain Control: The Perspective of Comparative Regionalism," *International Review for Environmental Strategies*, Vol. 1, No. 1, 2000, pp. 97-117.

习俗的敏感性，以及相关的合作需要包括的全部利益和影响攸关方。"[1] 可以看出，持这种观点的学者大都是从"地区主义"的发育和形成的思想理论来进行逻辑推论的。地区利益和国家利益之间存在的鸿沟，导致国家参与地区环境合作时首先考虑的依然是如何解决本国的环境问题。而环境问题本身的跨国特性将导致此类考虑最终无法遏制区域性环境恶化的趋势。

客观地看，全球性互动的深入、全球主义的兴起对全球环境治理具有重大影响。全球主义在世界政治中的兴起将建构一种全新的国际政治共有知识，国家和个人将可能践行"全球主义观照下的国家主义"，这显然会对全球性环境合作大有裨益。在地区层面上，某一地区的政治、经济特性，以及从中形成的共有知识，同样毫无疑问地会对某一特定地区"地区主义"意识的觉醒产生关键影响。而地区意识的觉醒和成熟对于区域国际环境合作的确会产生影响。由此来看，这种解释视角的优点十分明显。

但是，全球、地区利益与国家利益矛盾视角也存在着解释力缺陷。首先，同前面介绍过的一些解释方案类似，这一视角忽略了一个基本逻辑：各类国际环境机制、国际环境治理安排的功能恰恰在于帮助作为个体的国家实现共同的集体行动。换言之，正是因为国家利益与全球、地区利益之间存在矛盾，所以才需要国际机制和各类国际治理安排来协调两种利益。可以看到，在其他众多涉及传统安全、非传统安全的重要国际议题中，通常都可以建立起适当的国际机制、国际制度和治理安排协调各种利益。那么，为什么唯独在环境领域中未能取得类似的成果呢？这需要针对全球环境治理安排本身的缺陷进行研究。于此，这种解释视角却没有涉及。其次，这一视角对于国家不参与国际环境合作具有很好的解释力，但由于没有针对全球环境治理安排本身进行研究，因而对于全球环境治理安排为何不能有效治理环境问题这一现象则显得解释力较弱。因此，这一解释方案依然不能回答本书所提出的问题。

5. 全球治理视角

这一解释方案从"全球治理"的理论视角来阐释因何全球环境治理安

---

[1]　Myungjin Kim, *"Environmental Cooperation in Northeast Asia," Impact Assessment and Project Appraisal*, Vol. 22, No. 3, 2004, pp. 191-203.

排未能解决地区和全球性环境恶化问题。全球治理的基本理论认为，全球问题的基本现实表明，一方面是公地悲剧逻辑中的"国际政治市场失灵"，① 另一方面是国际无政府状态缺乏中央权威的状态，这一困境导致了广泛的全球问题治理赤字。在既有的国际体系中，政治国家（State）主要通过建立各种国际安排来填补治理赤字，如国际组织、国际机制、国际合作等。这些国际安排是"全球治理"的一部分。但现实表明，现有的建诸威斯特伐利亚体制基础之上的、以主权国家为唯一重要行为体的国际体系，是围绕着传统类型的政治和安全问题建立的，它们在本质上无力面对超越"主权国家—国际社会"这一国际政治体系的全球性问题。简单来说，面对全球问题，国家无力自发形成有效治理，而现有的以政府为中心的国家间国际机制（Government-Centric Interstate Regimes）又无法完全应对全球环境问题。现有的国际体系若要应对新的全球性问题，就需要对国际体系进行深入的调整。② 而调整的关键则在于，非国家治理主体的重要性和权威应当得到充分的提升和认可，与国家共享治理权威，且超国家层次、国家、全球社会层次三大类行为体之间应当存在良好的国际和跨国互动。

按照这一逻辑，全球和地区性国际环境治理安排不能实现对环境问题的有效治理，其原因在于现行国际体系过度依靠国家行为体这一类治理主体对环境问题进行治理，从而导致各类治理主体间——国家和各类非国家环境治理主体——权威分配不合理（国家主体垄断治理权威），以及各类主体间的交流合作不畅。③ 这种解释方案已经十分接近事实真相，在很大程度上能够解释国际治理安排因何不能有效治理全球和地区性环境问题这一困惑。本书的核心观点也是受到这一解释方案的启发，对其进行了延伸、补充和修正。

遗憾的是，这种观点在两个方面出现了逻辑缺陷。首先，其过度强调非国家环境治理主体的重要地位，而忽视了国家依然是国际关系中最重要

---

① 我国学者苏长和对"国际政治市场失灵"这一概念进行了论述。参见苏长和：《全球公共问题与国际合作：一种制度的分析》，上海人民出版社，2009。

② 俞可平：《全球治理引论》，转自俞可平主编，张胜军副主编《全球化：全球治理》，社会科学文献出版社，2003，第1—31页。

③ See Yasumasa Komori, "Evaluating Regional Environmental Governance in Northeast Asia," *Asian Affairs: An American Review*, Vol. 37, 2010, pp. 1-25.

行为体的基本现实。很难想象忽视国家行为体本身应当作出的调整，仅凭提升非国家环境治理主体的治理权威，以及加强非国家治理主体与国家间的交流互动，就能实现对环境问题的有效治理。面对当前世界层出不穷的跨国问题、全球问题，如果作为最主要治理主体的国家不能主动作出调整以适应世界政治的变化，环境问题的全球治理是无从谈起的。其次，当前，全球环境治理中的非国家行为体非但不是发展缓慢，而是正在迅速发展中，也逐步获得了一些治理权威。在全球层面，以联合国环境规划署为代表的一批国际环境组织、以政府间气候变化专门委员会为代表的一批跨国科学网络，以及类似的非国家环境治理主体的作用已经突显。即便在民间组织发育相对滞后的东北亚地区，非国家主体的作用也并非不受重视。如东北亚地区，"它们（中国、日本、韩国三国）已经逐步加强了国家与非国家行为体之间在现有环境治理框架中的协调合作"。[①] 在这种情况下，全球性环境问题恶化趋势的发展却同样迅速。这一方面是由于各类非国家治理主体的权威依然不足，另一方面也说明"政治国家"这一最重要的治理主体尚不能适应解决全球性问题的新要求。因此，此类解释方案的核心问题在于没有充分重视国家行为体本身所应当作出的转变及其对全球和地区环境治理的重要作用。

另外，一些观点认为全球环境治理安排未能有效治理环境问题的原因是以上诸因素的综合。但这种观点显然未能进行有效的"变量控制"：这是将某一特定现象归咎于无数变量的综合。这种观察问题的方式很难找出诸多变量中的主变量是什么；即便的确不存在主变量，这种观点也未能对其进行说明。

三、本书的基本观点、研究方法和结构安排

本书试图以"全球环境治理的结构与过程"为分析框架，研究"为何全球环境治理安排未能有效治理环境问题?"这一问题。

[①] Hidetaka Yoshimatsu, "Understanding Regulatory Governance in Northeast Asia: Environmental and Technological Cooperation among China, Japan and Korea," *Asian Journal of Political Science*, Vol. 18, No.3, Dec. 2010, pp. 227-247.

（一）本书的基本观点

本书将要论证的观点是"全球环境治理安排在结构与过程方面存在的缺陷，导致其不能充分有效治理全球环境问题"。为此，本书将通过深入分析"全球环境治理结构与过程的理想图景"，来说明现有全球环境治理安排在结构与过程方面的缺陷。

首先，关于"治理的结构"对全球环境治理安排的影响。作为国际政治学的相关研究，提及全球或地区环境治理的"结构"，便不能绕过肯尼思·沃尔兹的论述。沃尔兹将结构定义为行为体的排列原则、单元的特性和能力的分配，并最终将结构简化为行为体的能力分配。

回到全球环境治理的论域，作者将各类环境治理主体间的权威分配、治理主体本身特性的变化这两个要素，引入到本书的"全球环境治理结构"的概念之中。从国际关系学科对于结构的定义出发，各类环境治理主体间的权威分配自然是"环境治理结构"定义中的应有之义。这构成了全球环境治理结构的第一个要素。考虑到各类全球环境治理主体在现时代正在发生普遍的转型变化以适应相互依赖、全球化背景下的公共问题治理，因而"单元的特性"这一要素已经无法在"治理"的学理层次上进行忽略。因而，本书将"各类全球环境治理主体本身特性的变化"作为"全球环境治理结构"概念的第二个要素。由于诸治理主体是"共同参与治理"，因而"排序原则"仍不构成等级制。综上所述，本书中的"治理结构"在概念上包括诸治理主体间的权威分配，也包括各类治理主体，尤其是主权国家在参与全球环境治理时所发生的变化。

关于各类治理主体之间的权威分配问题。一般来看，能够承担一定的全球或区域环境治理功能，分享环境治理权威的主要治理主体包括国家、次国家政府、超国家层次的国际制度和政府间国际组织，以及社会层次的国际非政府组织及其跨国网络、跨国公司、学术机构及其跨国网络。环境治理的功能（Governance Function）则包括议程设置、建立框架、环境监测、履约核查（Verification）、规则制定、建立规范、强制执行、能力建设、资金供给九个方面。① 基于对现实的观察，学者们普遍认为，仅仅依靠国家这一类治理主体，仅仅通过国家间的合作行使全部治理功能，是不可能实现良好的治理效能的。在这个意义上，三个层次的多种治理主体是否能够共同行使这些治理功能，是否实现了治理权威的合理分配，则构成了全球环境治理安排能否充分有效治理环境问题的第一个影响因素。

关于各类全球环境治理主体本身特性的变化。治理结构的第二个方面是治理主体本身的变化。本书认为，国家参与全球环境治理时的"跨国转型"（Transnational Transformations）构成了这里的主变量。国家的跨国转型是指，"由中央政府作为国家参与国际事务的唯一重要代表，转变为中央政府各部门、次国家政府，乃至立法、司法机关共同参与到全球或地区环境治理事务中来，并形成部门间，次国家政府间和立法、司法机关之间的跨国合作"。其中，次国家政府的作用被认为是尤其重要的。而各国立法、司法机关则可以通过法律合作的方式，对破坏环境的行为追究法律责任。

国家的跨国转型对于全球环境治理事务具有重要意义。中央政府代表国家所进行的国际环境合作，最终总是要在次国家政府的层面上进行落实；次国家政府直接管辖的城市和大型工业区，也恰恰是环境污染的主要来源；而中央与地方在环境保护、经济发展等方面的利益分歧也必须通过充分发挥地方的能动性加以解决。次国家政府在制定地方环境保护标准、跨国省际环境合作、推动环保产业发展和建立相应的国际经济园区、培育社会层次环境治理主体以及推动区域环境治理科学与政策研究方面都存在着巨大潜力。客观地看，没有次国家政府的积极参与，区域环境治理将会非常困难。而中央政府各部门以及各国立法、司法部门针对地区和全球性环境问题的合作则更是亟待加强。国家作为最重要的环境治理主体，在参与全球环境治理时是否很好地实现了跨国转型，则构成了全球环境治理安排能否充分有效治理环境问题的第二个影响因素。

其次，"治理的过程"对全球环境治理安排的影响。"治理的过程"可以抽象地理解为治理是怎么达成的。实际上，全球和地区环境治理无外乎

---

① See Peter M. Haas, "Addressing the Global Governance Deficit," *Global Environmental Politics* 4 (4), Nov. 2004, pp. 1-15.

是在科学研究、政治—政策、市场这三个相互影响的领域中进行的。而国家、次国家政府、政府间国际组织、跨国公司、非政府组织及其跨国网络、科学机构及其跨国网络这六种全球和地区环境治理主体，则分别在上述三个领域中发挥作用，行使治理权威。由此，便形成了上述六类治理主体在科学、政治、市场三个环节中的互动，并在互动中形成对环境问题的国际治理。笔者将这种互动关系称为"全球环境治理的三环过程模型",[①]如图2所示。

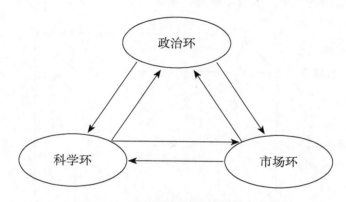

图2　全球环境治理的三环过程模型

资料来源：作者自制。

这其中，第一环是科学环，科学家、工程技术人员、科研机构及其跨国网络在其中起到主导作用；第二环是政治—政策环，国家、国际制度和政府间国际组织在其中起主导作用，非政府组织及其跨国网络则在议程设置、公共决策、规范形成和监督执行等方面发挥重要影响；第三环是市场环，国家、跨国公司的力量在这里起主导作用，非政府组织则在消费习惯、环境评价和监督方面发挥重要影响。在三环之间，科学环向政治环提供议程设置和政策选项，并向市场环提供技术培训；市场环向政治环提供经济利益（如就业），并向科学环提供科研推动力；政治环则为市场环建

---

①　Martin Janicke 的相关研究对作者有很大启发，参见 Martin Janicke, "Dynamic Governance of Clean-Energy Markets: How Technical Innovation Could Accelerate Climate Policy," *Journal of Cleaner Production*, 22, 2012, pp. 50-59。丘吉尔提出的"三环外交"是笔者如此命名的思想来源。

立市场框架，并向科学环提供研究与测试的相关支持。由此，可以构建起全球和地区环境治理的"三环过程模型"。各类治理主体是否在三环模型中形成了充分、良性的互动，则构成了全球环境治理安排能否有效治理环境问题的第三个影响因素。

综上，本书以"全球环境治理的结构与过程"为分析对象，提出了影响全球环境治理安排能否有效治理环境问题的三个影响因素。其中包括两个结构因素和一个过程因素。此三个因素综合，则可以形成分析全球环境安排治理效能的一个三维分布模型，如图3所示。

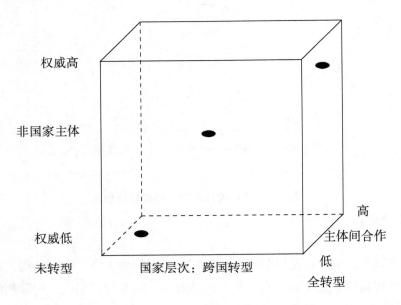

图3　全球环境治理安排效能分布模型

资料来源：作者自制。

这个三维分布模型的三个维度分别为结构方面的权威分配、国家的跨国转型，以及过程方面的主体间合作。根据对当前全球和地区性环境治理实践的观察，可以发现：越是趋近左下角的国际环境安排，在治理效能上往往越不成熟，如联合国气候变化框架公约（UNFCCC）和东北亚地区的环境治理等。其特征往往是前述三个影响国际环境安排治理效能的要素均处于较低的水平。越是趋近于右上角的国际环境安排，在治理效能上越成熟，如欧盟的环境治理实践。其特征往往是前述三个影响国际环境安排治理效能的要素均处于较高的水平。现有全球环境治理安排在结构与过程方面往往存在重大缺陷，处于三维分布模型的左下角，因而无法有效治理环境问题。这是本书对"为何全球环境治理安排越来越多，但环境问题却没有得到有效治理？"这一问题的回答，也是本书所要证明的核心假设。

（二）本书的研究方法

全球和地区环境治理是一个非常复杂的问题，涉及多个学科多个领域。因此本书努力从多个视角出发，尽可能综合全球学和国际政治学的相关理论，并在此基础上融合全球问题、全球治理理论与实务、国际机制、国际制度、国际合作、国际组织和环境政策的相关研究，对现有全球环境治理安排在结构与过程方面存在的缺陷进行规范性的分析。所采取的研究方法主要包括以下几类。

定性分析：定性分析是一种基于对研究文献、现实情形进行细致分析、观察，对其性质进行研究的研究方法。定性分析不要求研究者对相关文献或现实情形进行赋值并进行定量研究，而是要求研究者能够在纷繁复杂的现实和文献中洞察具有关键影响的要素。本书第一章对现有全球环境治理安排进行了系统的阐述，进而以全球学、国际政治学理论为分析视角，系统地研究了各类全球环境治理主体的权威分配、国家跨国转型（Transnational Transformation）、全球环境治理的过程这三个要素对于全球环境治理的影响。其目的是要研究并论证现有全球环境治理安排在这三个方面的缺陷导致其未能充分有效应对全球环境问题。这是定性研究方法的具体体现。

归纳推理：归纳法要求研究者对现有研究文献和现实情形进行分析，从中发现普遍规律。这种研究方法的实质是，要从已知正确的理论和现实研究中推导出可能正确的结论。关于全球环境治理安排未能有效应对全球环境恶化这一问题，在国内外已有大量调研、案例分析、研究论证，本书力图从这些已有的文献和案例中进行进一步的归纳推理，推导出关于这一问题的新的研究框架以及全球环境治理的结构与过程。

案例分析：归纳推理而得的结论，只是可能正确，而不是绝对正确。

这就需要通过大量的案例，对相应的结论进行完整的经验验证，以在现实中对其进行证明。因而本书也将运用案例分析的研究方法对其进行补充。案例分析方法要求在纷繁复杂的现实情形中截取具有典型意义并能够有效进行变量控制的事例，以证明或证伪一定的观点。案例选取的基础在于对现实情形进行系统、严谨的观察。本书为了研究全球环境治理结构与过程中的三个要素对治理安排有效性的影响，选取了大量的案例进行分析。运用这些案例，本书对前述三个要素分别进行了分析，研究了它们各自对于某项全球环境治理安排效能的影响，并以全球气候治理实践为案例，对其进行了综合性的考察。

描述性研究：描述性研究要求研究者对造成某一特定结果的变量进行系统观察和精确阐释。本研究并非针对某一特定地区或领域的环境治理，而是针对普遍意义上的全球环境治理安排进行描述，从中分析其效能存在缺陷的原因。最终本书以全球环境在治理结构与过程方面涉及的三个要素作为研究变量，描述和分析了其影响。对这三个要素及其影响进行系统深入的描述性研究，是本书运用的主要研究方法之一。

（三）本书的篇章结构

本书在研究设计方面遵循了提出问题、述评现有研究、提出假设、对假设进行经验验证的研究思路。全书包括导论、正文五章、结论三部分。

导论部分对全书进行总体性阐释，论证本书研究问题在学理层面的合理性和真实性，并说明本书的研究边界及研究意义；述评现有研究对本书所提问题的回答；介绍本书对研究问题进行分析的基本观点和研究方法；阐释本研究的创新与不足。

第一章论析现有针对全球性环境问题的国际治理安排。首先阐释全球性环境问题的内容及其特点，分析现有全球环境治理安排的构成及其特点。在此基础上，本章分别论述了气候变化与大气污染、生态环境恶化、海洋环境、有害物质跨界转移四个大类的全球性环境问题及其治理安排。其次对各领域国际环境条约的达成、发展及其面临的困难进行了论述。最后对各领域中发挥重要作用的政府间国际组织、国际非政府组织、跨国社会运动等治理安排进行了分析，阐释了其作用和存在的局限。

　　第二章对全球环境治理的结构与过程理论进行阐释，旨在厘清概念、建立并论证本书的分析框架，并为后文具体分析全球环境治理结构与过程的理想模式和现实缺陷奠定理论基础。

　　第三章对全球环境治理的结构进行研究，集中分析其对环境治理安排的效能所带来的影响，以此说明现有全球环境治理安排在结构方面存在的缺陷。第三章首先分析了全球环境治理的理想结构模式，提出合理的权威分配和完善的国家跨国转型这两个结构要素对于有效治理全球环境问题的重要意义。进而分别研究现实全球环境治理安排在结构方面存在的缺陷，选取《斯德哥尔摩公约》框架下持久性有机污染物的确认程序、《维也纳公约》及其《蒙特利尔议定书》框架对于臭氧层破坏物质的管控问题，以及东亚酸沉降治理等案例对权威分配失衡的影响进行了研究，并以"气候保护城市计划"框架下次国家政府跨国合作不够深入，以及《巴塞尔公约》框架下跨国法律合作不足等案例论证了国家跨国转型不足对全球环境治理带来的负面影响。

　　第四章着重研究全球环境治理的过程，即环境治理是如何进行的，并以此说明现有全球环境治理安排在过程方面的缺点和不足。本章首先论述了"全球环境治理的三环过程模型"，以之分析理想的全球环境治理过程模式。随后，本章分别研究了科学环与政治环、政治环与市场环、市场环与科学环在现实全球环境治理实践中的互动缺陷及其影响。研究中，第四章使用了IPCC报告"决策者摘要"的编纂程序、2℃长期升温控制目标的确定、《全球生物多样性评估》的编纂过程等诸多案例，论证了全球环境治理安排中的过程缺陷导致其不能充分有效治理环境问题这一观点。

　　第五章则对前述各章分项论证的观点进行了综合归纳，并以全球气候治理实践作为实证分析对象，综合性地验证了全球环境治理的结构与过程对治理安排效能的影响。本章首先归纳提出了"全球环境治理安排效能分布模型"，进而以《京都议定书》减排额度的确定、清洁发展机制框架下项目减排额度认定、"总量限额与排放贸易"机制的缺陷等案例，站在全球气候治理实践的视域中对本书的观点进行了综合性的验证。

　　结论部分进行了研究总结。在全球学、全球治理理论与实务的视角下，对全球化时代全球问题的治理进行了分析。

四、本研究的创新与不足

本书针对"全球环境治理安排未能有效治理环境问题"这一经验现象，尝试提出一个崭新的分析视角：全球环境治理的结构与过程。理论方面，本书从"全球环境治理"的概念与内涵出发，分别论述全球环境治理结构与过程的理想模式，进而阐释现有全球环境治理安排在结构与过程方面的缺陷，以此分析为何现有全球环境治理安排未能有效治理全球环境问题。这一分析角度本身具有一定的创新意义。

如本章第二部分所述，现有论著在解释"全球环境治理安排因何未能有效治理环境问题？"这一现象时，针对环境治理安排本身的研究尚不多。一些研究在拥有明显的优点和一定解释力的同时，也出现了抽象程度过高的问题。而另有一些论著则或是针对某个个别领域的特定国际环境条约、框架公约进行个案研究，或是针对某个特定的地区（如东亚、欧洲）的地区环境安排进行个案研究，相比前一类研究，这类著述又显得过于具体。本书的研究，一方面关注现有全球环境治理安排本身存在的问题，力图具有具体性；另一方面不囿于某一领域、某个地区的限定，努力建构一种规律性解释。从国内外现有研究来看，本书所指涉的研究范畴具有创新性。

本书所提出的"全球环境治理的三环过程模型""全球环境治理安排效能分布模型"等一些核心假设，具有创新性。现有研究已经逐步地将肯尼思·沃尔兹的结构理论引入全球和地区环境治理安排的研究中来，对全球环境治理的结构进行了系统的研究，并进行了案例分析。而在"环境治理的过程"，即"环境治理是如何进行的？"方面，也已经存在诸多论述。但将环境治理安排的结构与过程系统地综合起来，并运用其构建起简明的分析模型，真正使其成为可操作化的研究工具，本书的研究作出了一定的贡献。

当然，本研究也在所难免地存在一些不足。本书虽然通过对已有研究进行归纳，分析了影响全球环境治理安排效能的结构与过程因素，提出了相应的分析框架，但这一理论观点尚需进一步的经验验证和实证分析。社会科学研究的难点往往在于"变量控制"——某一现象之所以出现，往往受制于难以计数的因素。受到科研条件和自身能力的限制，本书的研究在具有规范性的同时，在变量控制方面的努力显得不够，从而导致实证研究和经验验证略有不足。这也是作者今后进步一研究和努力的重要方向。

第一章　全球环境问题及其治理安排

　　1972年在斯德哥尔摩召开的"联合国人类环境会议"和1992年在里约热内卢召开的"联合国环境与发展大会"在人类环境保护历史中无疑具有划时代的里程碑意义。"之于人类而言，保护并改善我们的自然环境已经变成了一个势在必行的紧迫目标——无论是为了我们自己，还是子孙后代。这个目标应当与追求和平与发展的目标同等重要——环境保护、捍卫和平、推动经济社会发展这三个目标应当共同和协调地实现。"[①] 1972年"联合国人类环境会议"参与国的这个共同声明标志着国际环境法成为国际法的一个新领域；[②] 也是从这次会议开始，人类真正开始以全球性的合作来应对全球性的环境恶化。1992年的里约峰会则在历史上第一次将环境保护的议题提升到了"全球性峰会"的层次，因此这次会议又被称为"地球峰会"。这次峰会提出，地球上的国家和人民必须在全新的层次上开展合作，将国家、市场、社会等多类环境治理主体融入全球环境治理当中。里约会议中，来自社会各界的个人和组织也参与其中；并同时举行了"地球论坛"，非国家主体全面参与到全球性环境治理事务当中。这两次会议大致上将全球环境治理的发展划分成三个阶段。很多特定环境领域，如气候变化、海洋环境等领域的治理安排也深受其影响。

　　本章将对现有全球环境治理安排进行梳理，系统介绍主要全球性环境问题治理安排的历史沿革、现状和发展方向，为后文从全球环境治理的结

---

　　① Declaration of the United Nations Conference on Human Environment, June 16, 1972 [UN Doc. A/CONF.48/14/Rev.1], para. 6.

　　② Andree Kirchner, "International Marine Environmental Law: Editorial Introduction," in *International Marine Environmental Law: Institutions, Implementation and Innovations*, ed. Andree Kirchner (Netherlands: Kluwer Law International, 2003), p. 1.

构与过程视角分析其不足提供经验事实方面的基础。

一、全球环境问题及其治理安排的内涵与特点

顾名思义，全球环境问题的首要特点便是环境问题（环境公害）的"全球化"及其逐步具备的"全球性"。而这种特点也恰恰是全球环境问题高度复杂的首要原因：问题尺度方面具备全球规模；问题性质方面集全球性、跨国性、跨领域、跨部门于一体，具有高度的整体性、综合性、嬗变性。全球问题所具有的全球一体性必然要求全球共同响应。而面对这一整体性问题的，却是一个破碎的世界——由威斯特伐利亚体制构成的以单个主权国家为主要行为体的世界体系。这样的世界在走向联合以应对整体性全球问题的道路上，已经作出了重大的努力并取得了很大进步，同时也还需要经历漫长的过程。

现有针对全球性环境问题的国际治理安排，同样是在现存威斯特伐利亚体制为主体的国际关系体制中孕育而得。这些治理安排一方面是人类联合应对全球环境问题的结果；另一方面也受到现有主权国家构成的国际关系体制的局限，不能完全应对新的整体性全球环境问题。本部分将首先阐释全球性环境问题的主要内容和基本特点，进而分析对其进行治理的现有国际治理安排的发展与特点。在两者的对比中，映射出现有针对全球性环境问题的国际治理安排的缺陷。

（一）全球环境问题的特点

如本书导论部分所述，联合国环境规划署长期追踪的全球性环境问题包括大气污染、全球气候变化、淡水资源危机、土地退化与森林过度砍伐、近海污染与海洋退化、生态环境退化与生物多样性丧失、有毒及有害废物的越境转移等诸多领域。上述各个领域又都包含了若干子问题，如大气污染领域包括了烟雾，大气中的铅、酸沉降，臭氧损耗等子问题。而某几个领域又可能同属于一个大的问题范畴，如淡水资源危机、生物多样性丧失、土地退化都可以归结为生态环境退化范畴。在这个意义上，本书将所要讨论的全球性环境问题及其国际治理安排划分为全球气候变化与大气

污染、生态环境退化、海洋环境破坏、有害废物及其越境转移四个方面。这其中，气候变化、生物多样性丧失、土地退化是当前最为紧迫的全球性环境问题。综合学者们的研究，[①] 本书将全球环境问题的特征归纳为以下几个方面。

第一，全球环境问题具有全球性和整体性。全球环境问题在问题尺度方面具有"全球性"，这是其题中应有之意。气候变化、海洋污染、生态环境退化、大气污染、有害废物越境转移这五方面环境问题均具有明显的全球规模——在"全球的各个角落"都存在着相应的现象。并且，这些问题往往高度关联在一起——这是由全球环境的整体性所决定的。如图4所展示，在全球海洋、大气动力的推动下，加之太阳、火山等外部力量和人类活动的作用，各种环境问题在起因和影响方面具有高度的整体性。一个诱发因素可能会因为连锁反应而引起多个后果。如森林砍伐造成径流增加，从而加速土壤侵蚀以及河流和湖泊泥沙的沉积，同时会造成生物多样性的减少和全球气候变暖。[②] 这种特征便决定了全球环境治理的整体性。

第二，全球环境问题具有典型的"公共性"和"跨国性"。全球环境问题作为"全球公共问题"的重要领域，具有典型的全球公共性和跨国性。环境问题不是某一个国家或地区的事，而是全世界共同面对的，关系到整个人类生存和可持续发展的问题；并且，环境问题的影响是跨越了人为边界设定的，也是人为的边界设定所阻挡和控制不了的。[③] 这一特征决定了其治理必然依赖跨国、多层次的全球性合作。

第三，全球环境问题超越了既有主权国家体制下的国际体系。事实上，当代全球公共问题的普遍出现也使人类在历史上第一次面对"全球层次的共同公共问题"。而既有的人类群体生活组织形态——国家及其国际体系却是为应对既有的那些低于全球层次的公共问题而建立的。

---

① 庄贵阳、朱仙丽、赵行姝:《全球环境与气候治理》，浙江人民出版社，2009，第7—10页。

② 庄贵阳、朱仙丽、赵行姝:《全球环境与气候治理》，浙江人民出版社，2009，第7页。

③ 苏长和:《全球公共问题与国际合作:一种制度的分析》，上海人民出版社，2009，第4页。

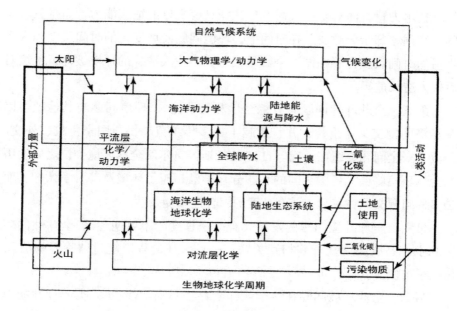

图4　地球体系变迁

资料来源：National Aeronautics and Space Administration (NASA), *Earth System Science Overview: A Program for Global Change* (also known as the Bretherton Report), figure 2.4.2, 1986. 转引自威廉·克拉克：《环境问题的全球化》，载约瑟夫·奈，约翰·唐纳胡主编《全球化世界的治理》，王勇、门洪华、王荣军、肖东燕、高军、戴平辉译，世界知识出版社，2003，第78页。

　　全球治理的基本理论认为，现有建诸威斯特伐利亚体制基础之上的、以主权国家为唯一重要行为体的国际体系，是围绕着传统类型的政治和安全问题建立的。传统的政治和安全问题大都发生在"国家间政治"的层次上，而现有的全球性问题大都具有前述"全球规模、综合性、公共性和跨国性"，这便超越了既有国际关系体系。对其进行有效治理必然要求现有国际体系作出重大调整。

　　第四，全球环境问题在空间和时间上具有不平衡性。[①] 在空间上，全球环境问题的基本现实是，同一个环境问题在世界各个地方的影响却大相径庭。例如，造成主要温室气体历史排放的发达国家，由于其具有较强的

---

　　① 庄贵阳、朱仙丽、赵行姝：《全球环境与气候治理》，浙江人民出版社，2009，第7—8页。

经济技术力量，面对全球气候变化往往具有更好的适应能力，而排放较少的贫穷国家却十分脆弱。在时间上，环境问题发展变化的时间尺度和人类生活的时间尺度并不在同一个数量级上。一代人造成的环境破坏，往往对后代人造成危害。

第五，全球环境问题具有综合性和复杂性。[1] 环境问题与其他社会以及经济问题交叉、重叠，并且超越了许多传统范畴，与国家主权、外交、经贸、安全问题交织在一起。自1972年斯德哥尔摩全球环境会议之后的历次全球环境峰会，各国之间的利益分歧早已超越了环境及其科学认知，而是多种问题交织在一起，具有高度的综合性和复杂性。

第六，全球环境问题的发展具有一定程度的不可逆性。[2] 全球性的环境和生态系统高度复杂并相互关联，一旦破坏的程度超过"临界阈值"，往往很难恢复。

第七，全球环境问题在科学认知上存在不确定性。[3] 人类的理性能力总是要受到一定阶段客观实在的限制，地球环境系统的高度复杂性决定了对其的科学认知很难做到全面、客观、深刻。而环境治理在科学和政策领域中也因此成了一个高度复杂的问题。

（二）全球环境治理安排的基本内涵

"治理安排"无外乎是指诸多全球环境治理主体为实现对全球性问题进行治理而作出的制度性和非制度性安排。在这个意义上，全球问题的"治理安排"在内容上一般包括国际条约体系及其缔约方会议、政府间国际组织、国际非政府组织，跨国社会运动以及这些要素构成的跨国性网络。[4]

要说明的是，国际组织虽然也是一类治理主体，有着自己的利益诉求，但因其利益诉求大多数情况下倾向于"公益"，是针对环境保护作出的国际安排，具有鲜明的"公共性"，因而可以被视为治理安排的一部分。

---

① 庄贵阳、朱仙丽、赵行姝：《全球环境与气候治理》，浙江人民出版社，2009，第7页。

② 庄贵阳、朱仙丽、赵行姝：《全球环境与气候治理》，浙江人民出版社，2009，第9页。

③ 庄贵阳、朱仙丽、赵行姝：《全球环境与气候治理》，浙江人民出版社，2009，第10页。

④ 有关讨论可见 Matthew Paterson, David Humphreys, Lloyd Pettiford, "Conceptualizing Global Environmental Governance: From Interstate Regimes to Counter-hegemonic Struggles," *Global Environmental Politics*, 2003, Vol.3 No.2, pp. 1-10。

但国家间为谋求某种共同利益而结成的国家集团，如"伞形集团"，是参与"治理安排"的利益主体，是为了追求国家利益而非保护环境而作出的安排，因而不能被视为"治理安排"的一部分。下面，本书将具体分析各类治理安排。

首先，关于各类国际环境条约及其缔约方会议。[①] 作为一类国家间机制，国际环境条约依然是现有全球环境治理的主要途径。目前，缔约方超过100个、具有重要全球性影响的国际环境条约已经多达15个，多边国际环境条约更是多达数百个。国际社会通常做法是首先订立一项不具有具体拘束力的框架公约，确定对相关环境问题进行治理的问题范围、订约原则、责任义务、工作组织等事项，进而在其基础上订立具有实际国际法拘束力的国际环境条约或议定书。由于全球环境问题总是不断发展变化，因而框架公约框架内的某项议定书可能会随着事态的变化，变得无法解决全部问题。这时，国际社会可以在公约框架内订立新的议定书。换言之，国际环境条约通常是不断变化、加强的。

关于国际环境条约，有几个问题是要格外注意的。[②] 第一，作为国家间机制，国际环境条约的拘束力来自国家授权，而国家有权对其进行保留甚至是否定。这意味着没有任何国家、国际组织、国际会议可以将一项国际环境条约强加给一个主权国家。这种情形限制着国际环境条约的制定必须寻找共同利益的交集——无论这个交集是多么的狭小。这是国际环境条约的一个重要缺陷。第二，一个国家对于一项国际环境条约的态度，总是取决于其在该议题中的能力和经济、政治考虑。如欧洲国家因其在清洁能源、减排潜力等方面具有能力优势，经济发展阶段相对先进并试图谋求全球环境政治中的主导地位，因而其在全球气候变化议题中扮演了积极推动的角色。第三，国家间的经济、技术能力对比，经常会在很大程度上影响国际环境谈判进程，进而影响国际环境条约的责任、义务分配和具体文

---

① 相关资料可参见 Pamela S. Chasek, David L. Downie, Janet Welsh Brown, *Global Environmental Politics (the 5th Edition)* (Boulder: Westview Press), pp. 117-269, 以及张海滨：《环境与国际关系：全球环境问题的理性思考》，上海人民出版社，2008，第237—239页。

② Pamela S. Chasek, David L. Downie, Janet Welsh Brown, *Global Environmental Politics (the 5th Edition)* (Boulder: Westview Press), pp. 16-19.

本。第四，尽管困难重重，但国际环境条约总的来说还是不断前行的。各个全球环境议题中，框架公约及其议定书普遍订立，已经形成了全面的全球环境条约体系。这一方面是因为环境恶化的严峻现实，另一方面则是因为特定环境议题中一些主要国家的积极推动。

其次，关于政府间国际环境组织和国际环境非政府组织。关涉全球性环境问题的国际组织包括政府间国际环境组织（简称"国际环境组织"）、与环境问题相关的政府间国际组织（简称"相关国际组织"）和国际环境非政府组织三类。

全球性国际环境组织以联合国框架为核心。联合国体系中，诸如联合国环境规划署、全球环境基金、世界气象组织、国际海事组织、政府间气候变化专门委员会等机构专司环境问题管控，推动相关领域的国际合作和治理安排建设。联合国体系中的这些机构推动召开了斯德哥尔摩会议、1992年里约峰会、约翰内斯堡会议、2012年里约峰会等至关重要的环境峰会、可持续发展大会；主持制定了大量的国际环境条约及其议定书；协助各国、各地区建立区域性地区环境治理安排。这些国际组织对于环境治理安排的建设和完善起到了关键作用。

相关国际组织虽然并不专司环境问题的管控，但对于全球性环境问题却有着重要影响。联合国大会、联合国经社理事会、联合国发展规划署、联合国区域委员会、联合国粮农组织、联合国人居署、联合国教科文组织、世界卫生组织、世界银行、世界贸易组织等国际组织普遍参与全球环境治理事务。环境问题具有高度的综合性和复杂性，与经济、社会、贸易等领域紧密交织，也因此尤其强调相关"政策的一体化"（Policy Integration）。相关国际组织的作用因此得以显露，上述国际组织也都在环境治理事务中发挥了重要作用。

国际环境非政府组织在现有针对全球性环境问题的治理安排中的作用，已经变得越发重要。相对于世界经济、金融和反恐等问题，环境问题可能是非政府组织最容易发挥作用的领域之一，非政府组织可以在几乎全部环境治理环节中发挥重要作用，其治理权威尤其体现在议程设定、环境监测、履约监管等方面。通过改善国家行为，尤其是重塑消费文化等活动，非政府组织甚至可以创新国家利益。比较重要的国际环境非政府组织如绿色和平组织、地球之友组织等，对于全球环境治理事务有着很大影响。与1992年里约峰会同时召开的"影子会议"上，非政府组织对政府形成了重大影响，里约峰会的最后文件也吸纳了其很多建议。类似的现象在全球气候治理领域也不鲜见。

最后，关于针对全球环境问题的跨国社会运动。自20世纪60年代一系列环境公害事件爆发之后，西方社会中出现了很多大规模的环境保护运动，并逐步形成了一些重要的跨国行为体和跨国环境运动。近年来声势浩大的"地球一小时"[①]运动便是典型例证。这些跨国行为体和环境运动，同样是针对全球性环境问题的治理安排的组成部分。

（三）全球环境治理安排的主要特点

总体来看，一方面，现有全球环境治理安排是国际社会为应对全球环境问题所作出的自我调整和自我变革。如前文所述，全球环境问题具有全球性和整体性、公共性和跨国性等特征，在本质上超越了既有主权国家体制下的国际体系。另一方面，现有全球环境治理安排又是在既有主权国家体制下的国际体系中建立起来的，尚不能突破这一体制的限制。这两个方面及其之间的矛盾，造成了现有全球环境治理安排的一些基本特征。

第一，国际条约与国际组织已经基本覆盖全部环境问题，制度化趋势明显。这已经是一个非常明显的经验现象。

第二，强调主权原则与强调国际合作并重。与其他领域的国际条约、国际组织一样，国际环境条约和组织的合法性首先来自主权国家的授权；主权国家从国家利益出发，决定是否参与这些国际条约和组织以及相应的授权范围。此外，国家对管辖范围内的环境资源拥有主权，有权按照自己的环境政策对其进行开发和利用。但是，现有国际环境条约普遍认可这样一个原则：国家同时也负有使其管辖或控制之内的活动，不致损害其他国家的或在其管辖范围以外地区的环境。[②]这一原则在突显权利义务相统一

---

① 关于"地球一小时"运动的实际节能减排效果，存在很多争议。但是，作为跨国环境保护运动，其在唤醒社会环保意识、改变社会能源消费观方面的作用，也是非常明显的。

② 《人类环境宣言》（1972年）第21条原则，参见中国环境报社编译：《迈向21世纪——联合国环境与发展大会文献汇编》，中国环境科学出版社，1992，第159页。

的同时，也体现出全球环境治理安排对国际合作的要求。

第三，强调共同但有区别的责任原则。共同但有区别的责任原则主要包括两个方面的含义：共同责任和区别责任。地球环境系统的整体性决定了全球环境问题的公共性，这就必然要求世界各国共同承担起提供全球环境保护这一国际公共产品的责任。但因世界各国，尤其是发达国家和发展中国家之间在经济、科技、文化等诸多方面存在显著差距，因而由世界各国完全一样地承担责任将会造成对发展中国家的巨大不公正。由此，现有各类针对全球性环境问题的治理安排基本上都确认了共同但有区别的责任原则。

第四，针对全球性环境问题的治理安排强调科学性和公益性。环境问题及其治理与环境科学、政策科学密切相关。这一观点可以得到广泛的经验验证。最为显著的例子便是政府间气候变化专门委员会的四次科学评估报告对于全球气候谈判进程和气候治理政策产生的重大影响。全球环境治理安排作为一种公共问题解决方案和载体，也具有典型的公共服务功能，其公共性非常明显。

第五，现有针对全球性环境问题的治理安排中，国家主体权威独大且参与形式单一。一般认为，由于环境问题具有典型的跨国性，且对既有国际关系体系构成了超越，因而其治理主体也超越了主权国家及其国际体系。主权国家、次国家政府、政府间国际组织、国际非政府组织、科研机构及其跨国网络、跨国公司等六类行为体共同构成了参与全球环境治理的治理主体；跨国环境运动等也是全球环境治理的重要因素。但现有针对全球环境问题治理安排的一个基本现实却是，国家主体在这些安排中拥有深刻而普遍的权威，其他治理主体普遍缺乏权威。包括刚刚提及的政府间气候变化专门委员会，尽管其对气候谈判产生影响，但其本身及其咨询报告均远远未能进入全球气候治理的核心。而国家参与治理安排的形式也比较单一，基本上以中央政府代表国家参与为主要形式，次国家政府、立法机关、司法机关之间的跨国合作尚未成为主流。

第六，各类治理主体、因素之间的合作网络尚较匮乏。虽然各类非国家环境治理主体的权威尚未得到充分肯定，但其存在并具有影响力已是基本现实。而各类主体之间却很少拥有顺畅的合作机制和成熟的合作网络。现有的诸如世界自然保护联盟（International Union for Conservation of Nature and Natural Resources, IUCN）等一些综合性或专门领域的合作平台，将国家、政府间组织、非政府组织、专家学者联系在一起，起到了推动各类治理主体和要素进行合作的作用，但其作用的发挥尚受到重大局限。

二、气候变化与大气污染问题及其治理安排

国际社会所要治理的气候变化，是指由于人类活动引起大气中的温室气体浓度上升而使气候系统产生的异常变化。[①] 气候变化是当代最显著，也是最典型的一个全球性环境问题。多年来，尽管国际社会为应对全球气候变化而在减缓、适应、资金、技术等领域达成了一系列治理安排，但总体性的全球气候变暖趋势并没有得到遏制。

（一）《联合国气候变化框架公约》及其重要文件

1992年6月在联合国环境与发展大会上，各国政府签署了《联合国气候变化框架公约》，这个公约是迄今为止在国际环境与发展领域中影响最大、涉及面最广、意义最为深远的国际法律文件，它涉及人类社会的生产、消费和生活方式，涉及各国国民经济和社会发展的方方面面。[②] 依据共同但有区别的责任原则，该公约对发达国家和发展中国家规定了不同的责任。公约规定，发达国家应率先进行减排，在2000年将温室气体排放规模稳定在1990年的水平上，并向发展中国家提供技术和资金援助。发展中国家则应编制国家信息通报，其核心内容是编制温室气体排放源和吸收汇的国家清单，制定并执行减缓和适应气候变化的国家计划等。而从该公约的最终目标来看，发展中大国参与全球性减排将是必然的。该公约作为"框架公约"，并没有规定发达国家减排的具体义务，这一问题留待通过进一步的谈判来制定相关议定书进行解决。

《京都议定书》的达成经历了格外艰苦的谈判，其生效也经历了非常

---

① 《联合国气候变化框架公约》，第一条第二款。
② 庄贵阳、陈迎：《国际气候制度与中国》，世界知识出版社，2005，第41页。

曲折的过程。议定书最核心的内容是为发达国家明确规定了第一承诺期温室气体减排的定量目标和时间表；要求附件一国家在2008—2012年承诺期内，以1990年为基准年，将其排放量平均减少5.2%。为了确保履约，议定书特别制定了"联合履约机制""清洁发展机制""排放贸易机制"三种履约机制。《京都议定书》的这些规定实际上也是各方妥协的结果。在减排承诺期、减排指标、减排气体种类可替换性方面，作出了重大妥协。议定书生效的过程更加曲折，海牙会议的失败、美国的退出使气候谈判进程遭受重创，历经2001年6月和11月分别达成的《波恩政治协议》《马拉喀什协定》，议定书才告生效。为争取议定书生效的《马拉喀什协定》是在欧盟集团和"77国集团＋中国"向伞形国家集团（美国、加拿大、澳大利亚、日本等）作出重大让步的基础上达成的；其又在基准年、碳汇额度使用上限、减排额度方面，作出了巨大妥协。[1]"如果将基准年变化和增加碳汇考虑进去，包括美国在内的附件一国家整体减排目标则由5.2%降低至0%，即完全不减排；若再加上美国的退出，这一目标将会进一步变成增排1.7%。"[2]《京都议定书》作为第一份具有法律效力的全球气候治理专门文件，为第一承诺期减排建立了法定目标，其历史意义十分重大，但其作为各方妥协的结果，局限性也非常明显。

《巴厘岛行动计划》（巴厘岛路线图）和德班会议的相关文件是"后京都时代"气候治理安排的重要成果。《京都议定书》第一承诺期于2012年结束。关于2012年后的全球气候治理安排，国际社会进行了多次异常艰难的谈判。2007年达成的《巴厘岛行动计划》要求，在遵照共同但有区别的责任原则基础上，各国应采取共同行动；大幅度减少全球温室气体排放量，应为包括美国在内的所有发达国家制定具体的温室气体减排目标；发展中国家也应努力控制其温室气体排放增长；在2009年年底前达成接替《京都议定书》的旨在减缓全球变暖的新协议。[3]巴厘岛路线图要求发达国家履行

---

[1] 具体讨论可参见Jon Hovi, Tora Skodvin, Steinar Andresen, "The Persistence of the Kyoto Protocol: Why Other Annex I Countries Move on Without the United States," *Global Environmental Politics* 3 (4), November 2003, pp. 1-23.

[2] M. G. J. den Elzen, A. P. G. de Moor, "The Bonn Agreement and Marrakesh Accords: An Updated Analysis," *RIVM Report*, 2001.

[3] 庄贵阳、陈迎：《国际气候制度与中国》，世界知识出版社，2005，第152页。

可测量、可报告、可核实（又称"三可"）的减排责任，并将美国纳入新的气候协议的谈判中，这是全球气候谈判进程中一个非常重要的成果。但在美国的反对下，巴厘岛路线图没有规定2012年后的温室气体减排目标。此后，为了落实巴厘岛路线图关于2009年年底前达成新气候协议的要求，国际社会进行了极其艰苦的2008年波兹南会议、2009年哥本哈根会议，但最终无法达成实质性协议。

2010年坎昆会议达成了一揽子性质的《坎昆协议》。这是一个中间产物，《坎昆协议》在附件一发达国家承担《京都议定书》第二承诺期量化减排指标、非《京都议定书》发达国家（主要是美国）承担与其他发达国家可比的减排承诺、发展中国家自主减排行动、细化发达国家对发展中国家进行资金技术支持的"三可"规则等方面都需要进行进一步磋商。[①] 尽管如此，《坎昆协议》仍然是一个非常重要的凝聚政治意志的成果，在减缓、适应、资金、技术四方面关键问题中都有所进步。"在减缓方面，协议确认了将升温控制在2℃以内的长期目标；要求在2011年德班会议审议2050年长期减排目标及全球排放达到峰值的时间框架；要求发达国家承担绝对减排指标；要求发展中国家采取国内适当减排行动，并进行国内'三可'；提出要以尊重国家主权的方式对有关信息进行国际磋商和分析。在适应问题上，建立坎昆适应框架，帮助最不发达国家制定和实施国家适应计划。在资金问题上，建立绿色气候基金。在技术问题上，决定建立技术开发与转让机制。"[②]

2011年德班会议通过了一系列决定，构成了德班大会一揽子决定。主要内容有四项：《京都议定书》第二承诺期发达国家减排义务的决定；启动谈判所有国家2020年后减排温室气体法律框架的决定，即"德班增强行动平台"（Durban Platform for Enhanced Action）；关于启动绿色气候基金的决定；在公约下进行长期合作的一揽子决定。[③] 关于第二承诺期，决定发

①　桑德琳·马龙-杜波依斯、凡妮莎·理查德：《国际气候变化制度的未来蓝图——从〈哥本哈根协议〉到〈坎昆协议〉》，《上海大学学报（社会科学版）》，2012年3月，第29卷第2期。

②　解振华：《坎昆协议是气候变化谈判的积极动力》，《低碳世界》2011年第4期。

③　吕学都：《德班世界气候大会成果解读与中国未来面临的挑战》，《阅江学刊》2012年第2期。

达国家从2013年1月1日起开始执行，避免了承诺期的空档期；但发达国家在第二承诺期内的具体量化减排义务并没有得到明确，而是要求各国于2012年5月前提供指标建议，留待2012年年底的多哈会议解决。"德班增强行动平台"的重要性在于第一次提出制定适用所有国家——包括发展中国家——的议定书和法律文件。这意味着发展中国家将要参与共同减排行动。"绿色气候基金"提供了一个减缓和适应气候变化的资金渠道，但存在着发达国家借以资助其跨国公司位于发展中国家的子公司的可能。"在公约下进行长期合作的一揽子决定"就发达国家减排义务、发展中国家减排行动、技术转让和建立"适应气候变化委员会"等问题取得了一定进展。上述四个方面中，最重要的成果在于保全了《京都议定书》，正式确认了第二承诺期。但由于日本、加拿大、俄罗斯坚持不参加第二承诺期，且各方在量化指标上分歧巨大，因而其对气候治理的长期影响并不乐观。

《巴黎协定》是《联合国气候变化框架公约》及《京都议定书》之后，人类历史上应对气候变化的第三个里程碑式的国际法律文本，为形成2020年后全球气候治理格局奠定了基础。2015年12月，《联合国气候变化框架公约》近200个缔约方在巴黎气候变化大会上达成《巴黎协定》，并于2016年4月开放签署，将在至少55个《联合国气候变化框架公约》缔约方（其温室气体排放量占全球总排放量至少约55%）交存批准、接受、核准或加入文书之日后第30天起生效。据此，《巴黎协定》于2016年11月生效。美国于2016年9月批准《巴黎协定》，2017年6月宣布退出，9月启动退出程序，2020年11月正式退出，但《巴黎协定》仍满足生效条件。2021年1月20日，新上任的美国总统拜登签署行政命令重新加入。《巴黎协定》的长期目标是将全球平均气温较前工业时期上升幅度控制在2℃以内，并努力将温度上升幅度限制在1.5℃以内。《巴黎协定》具有较好的平衡性，体现了共同但有区别的责任原则，让缔约国根据各自的国情和能力自主行动，采取非侵入、非对抗模式的评价机制，是一份让所有缔约国达成共识且都能参与的协议，有助于国际间（双边、多边机制）的合作和全球应对气候变化意识的培养。《巴黎协定》建立了国家自主贡献这一"自下而上"减排范式的核心安排，各国将以"自主决定"的方式确定其气候目标和行动。《巴黎协定》制定了"只进不退"的棘齿锁定机制。各国提出的行动目标建立在不断进步的基础上，建立从2023年开始每五年对各国行动的效果进行定期评估的约束机制。

（二）关涉气候治理的国际组织

政府间气候变化专门委员会是1988年成立的一个独立于《联合国气候变化框架公约》的国际研究机构，负责考察全世界的科技文献，撰写和出版评估报告。政府间气候变化专门委员会的评估报告是迄今为止全世界最权威的气候变化信息来源；其已经出版的评估报告[①]与全球气候谈判的进程、议题具有比较明显的因果关系。当然，政府间气候变化专门委员会的历次评估报告也都具有比较明显的国际政治色彩。上文提到的德班会议要求"德班增强行动平台"的谈判完成时间是2015年，与政府间气候变化专门委员会于2014年出版第五次评估报告在时间上具有承递关系，这显然不是巧合。

2018年，政府间气候变化专门委员会第六次报告框架内的第一份特备报告《全球变暖1.5℃》发布，气候变化科学界对气候变化成因的科学认知稳固，公共政策学界向决策者提出了稳固的低碳绿色发展政策建议。"与将全球变暖限制在2℃相比，将其限制在1.5℃将减少对生态系统、人类健康和福祉的挑战性影响，从而更容易实现联合国可持续发展目标。"该报告提出，将全球变暖限制在1.5℃需要在土地、能源、工业、建筑、交通和城市方面进行"快速而深远的"转型。到2030年，全球二氧化碳排放量需要比2010年的水平下降约45%，到2050年前后达到"净零"排放，而这意味着需要通过从空气中去除二氧化碳平衡剩余的排放。[②]

联合国气候变化秘书处是《联合国气候变化框架公约》及其《京都议定书》的服务机构，其职责是帮助缔约方落实承诺，为议定书的三个灵活机制提供支持。

《联合国气候变化框架公约》缔约方会议及其机构是全球气候治理安排的核心。缔约方会议由核准该公约的所有缔约方组成，为公约的最高

[①]　五次评估报告的发布时间分别是1990年、1995年、2001年、2007年、2014年。

[②]　See *Global Warming of 1.5℃: Summary for Policymakers*, https://www.ipcc.ch/site/assets/uploads/sites/2/2018/07/SR15_SPM_High_Res.pdf.

机构。每年召开的缔约方大会为各方表达利益诉求、进行谈判、达成共识提供了最为重要的平台。其达成的协议标志着全球气候谈判的进展。该公约下设两个附属机构，分别是附属科技咨询机构（Subsidiary Body for Scientific and Technological Advice, SBSTA）以及附属履行机构（Subsidiary Body for Implementation, SBI）。两个机构分别就科学、技术、方法问题提供咨询与检查国家信息通报和排放清单等问题开展工作。

联合国系统内还建立了三个特设小组，分别是1999年建立的非附件一缔约方国家信息通报专家咨询小组（Consultative Group of Experts on National Communications from Non-Annex I Parties, CGE）、技术转让专家小组（Expert Group on Technological Transfer, EGTT）、最不发达国家专家组（Least Developed Country Expert Group, LEG）。这三个小组在帮助非附件一国家制定国家信息通报、协助促进环保技术开发转让和帮助最不发达国家开展适应活动方面发挥了作用。

此外，联合国环境规划署、联合国开发计划署、世界气象组织、全球环境基金、世界银行、联合国工业发展组织等相关国际组织也都在应对气候变化方面发挥了科学技术咨询、政策制定协助、资金支持的作用。

非政府组织较早地广泛参与到全球气候治理当中。近年来的历次缔约方大会都可以看到大量非政府组织代表参会。非政府组织着力于研究环境问题、游说地方和中央政府、向国际组织和跨国公司施加压力、监督政府和企业行为、建立环保政策的支持联盟、提升公众环境意识、筹集资金等方面。[①] 气候变化领域的国际环境非政府组织同样发挥了令人瞩目的作用。

当前，积极参与全球气候治理的国际环境非政府组织主要有气候行动网络（Climate Action Network, CAN）、绿色和平组织（Greenpeace）、世界自然基金会（World Wildlife Foundation, WWF）、地球之友（Friends of Earth, FoE）、国际土著居民常设论坛（The International Forum of Indigenous Peoples on Climate Change, IFIPCC）等。这些国际环境非政府组织在上述各方面持续地发挥着作用，对全球气候治理起到了积极作用。尤其是每年

---

① John McCormick, "The Role of Environmental NGOs in International Regimes," in *The Global Environment: Institutions, Law, and Policy (Second Edition)*, ed. Regina S. Axelrod, David Leonard Downie, Norman J. Vig (Washington D. C.: CQ Press), p. 84.

《联合国气候变化框架公约》缔约方大会召开时，众多国际环境非政府组织均会全程参与、积极活动，促使大会达成具体合作方案。另外，由于环境非政府组织的关注侧重点往往过于集中于环境保护，其宣传和论点在媒体的渲染下有时超出了科学的范畴。

国际环境非政府组织在气候变化领域的积极作用已经受到了广泛的认可，但尚需使其积极作用充分发挥的有效机制。

（三）大气污染治理领域的治理安排

大气污染大致上包括臭氧层破坏、酸沉降和长程跨界空气污染三方面的问题。而当前对大气污染领域的全球性国际治理安排主要集中在臭氧层保护方面。1985年《保护臭氧层维也纳公约》及其1987年《蒙特利尔破坏臭氧层物质管制议定书》是针对臭氧层破坏的核心机制。20世纪70年代末，随着南极臭氧空洞被发现，国际社会开始了对臭氧消耗物质的国际管控，并于1985年签订了《维也纳公约》。该公约鼓励"政府间在研究、有计划地观测臭氧层、针对臭氧消耗进行研究及进行信息交流方面合作。该公约缔约国承诺针对人类改变臭氧层的活动采取普遍措施以保护人类健康和环境。《维也纳公约》是一项框架性协议，不包含法律约束的控制和目标——事实上，这个公约甚至并没有提及'氯氟烃（CFCs）'"。[①] 但这个公约毕竟为臭氧层消耗物质的国际管制建立起了框架，在其基础上，1987年《蒙特利尔议定书》和之后的四个"修正案"、两次调整则形成了对氯氟烃的国际强制管制。该议定书比较完整地给出了氯氟烃物质名表，并提出了有强制力的取缔时限，坚持了共同但有区别的责任原则，并建立起了相应的评估机制。

酸雨、长程跨界空气污染等大气污染问题的国际管控大都以区域性双边、多边治理安排为主，如东亚酸沉降监测网、《长程越界空气污染公约》及其议定书等。

---

① Pamela S. Chasek, David L. Downie, Janet Welsh Brown, *Global Environmental Politics (the 5th Edition)* (Boulder: Westview Press), p. 165.

（四）气候变化与大气污染问题的恶化趋势

尽管关于全球气候变化的科学争论一直没有停止，但主流观点还是认为全球气候变暖是个大趋势，且这种变化的原因的确是工业革命以来的巨量人为温室气体排放。本书无意对环境科学的争论进行评论，而是专注于现有全球性环境治理安排在结构与过程方面的特点和缺陷。普遍的看法是，自20世纪70年代以来，全球性地表气温发生了格外迅速的上升。也正是这一时期，各类全球性环境治理安排出现了快速的增长。这固然与这一时期全球经济的快速增长具有相关性，但如本书导论部分的文献综述所论证，不能简单地将"经济增长与环境破坏之间的正相关性"等同于"经济增长与治理安排无效之间的因果性"。

图5显示了19世纪末至20世纪末全球气候变化的趋势。尽管国际社会在气候变化领域进行了极其艰难的谈判，也达成了很多国际条约、议定书和其他各类具体的治理方案，但总体上的全球气候变暖却仍处于持续发展中。

由于全球面对气候变化问题反应迟钝，气候灾害已经愈发显著。近年来，高影响气候事件频发，海洋生态系统遭到破坏：2019年，欧洲遭遇强热浪；澳大利亚山火自2019年7月延绵至2020年2月，向大气排放4亿吨二氧化碳；1979—2018年，北冰洋海冰范围呈一致性的下降趋势，气候变暖作用下，海洋酸性化、海水含氧量减少、海平面上升、冰川退缩，并且南北极与格陵兰冰盖缩小，这些严重破坏了海洋生态系统。[①]2019年，全球近2200万人成为"气候难民"；气候风险的级联效应和影响不均匀、不平衡进一步导致全球气候状况不容乐观。[②]

在臭氧层保护方面，平流层臭氧层破坏已经得到了相对较好的控制，但对流层臭氧的耗竭尚未能收到良好的治理效果。酸雨、长程跨界空气污染的治理结果则比较明显地显示出地区差异。欧洲和北美地区的此类

---

① 谢伏瞻、刘雅鸣主编，陈迎、巢清尘、胡国权、庄贵阳副主编《气候变化绿皮书——应对气候变化报告（2020）：提升气候行动力》，社会科学文献出版社，2020，第4页。

② 谢伏瞻、刘雅鸣主编，陈迎、巢清尘、胡国权、庄贵阳副主编《气候变化绿皮书——应对气候变化报告（2020）：提升气候行动力》，社会科学文献出版社，2020，第4页。

问题已经逐步得到了控制，但广大的发展中国家中——尤以东亚地区为典型——此类问题依然非常严重。同样这种情况也不能完全归结为经济发展阶段，环境治理安排本身的缺陷同样应当受到重视。

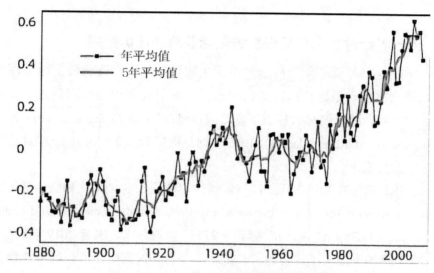

图5　1880—2010年全球地表气温变化

资料来源：UNEP, *UNEP Year Book 2010: New Science and Developments in Our Changing Environment*, p. 33, 转自 UNEP 官方网站：http://www.unep.org/geo/yearbook/yb2010/PDF/GYB 2010_English_full.pdf。

三、生态环境恶化及其治理安排

"生态环境"是一个非常宽泛的概念，环境科学对其的定义是"影响人类与生物生存和发展的一切外界条件的总和，包括生物因子（如植物、动物等）和非生物因子（如光、水分、大气、土壤等）"。[①] 在这个意义上，生态环境应包括水资源、土地资源、生物资源、气候资源、有毒有害废物和化学品、大气资源在内的诸多方面。鉴于气候变化和有毒有害废物处理等问题本章均有专门论及，因而本部分将集中于全球性生态环境恶化的以

---

① 参见联合国环境规划署：《联合国环境规划署年鉴（2009）》，第1页。转自联合国环境规划署官方网站：http://www.unep.org/geo/yearbook/。

下四个典型方面：水资源危机、土地荒漠化、生物多样性丧失和森林退化。本部分将对关涉这四类问题的治理安排进行分析，以期为后文针对其结构与过程方面的缺陷进行论证奠定逻辑基础，同时也将介绍这些问题的恶化趋势。

（一）针对生态环境保护的国际条约和国际组织

保护生态环境的条约群落由保护生物资源、淡水资源和土地资源的一系列全球性和地区性国际条约构成；针对森林保护的国际条约往往寄于其中，而"针对毁林和林质下降的减排机制"（Reducing Emissions from Deforestation and Degradation, REDD）则是国际森林保护中一个相对进展较大的治理安排。

首先，关于生物资源保护的国际条约。《濒危野生动植物种国际贸易公约》（Convention on International Trade in Endangered Species of Wild Fauna and Flora, CITES）自1973年签订、1975年生效以来，截至2019年8月已有183个缔约方加入了该公约。"CITES的宗旨是对其附录所列的濒危物种的商业性国际贸易进行严格的控制和监督，防止因过度的国际贸易和开发利用而危及物种的生存。它要求每一个缔约国设立科学机构和管理机构，通过发放许可证和证明书等一系列制度来保证CITES的有效执行。"[①] 截至2019年，CITES已经召开18次缔约方大会；附录收录物种33000多种，实现了对全世界60%—65%的野生动植物物种贸易进行管控的目的。

《野生动物迁徙物种保护公约》（Convention on Migratory Species, CMS）于1979年签订，其目标在于保护陆地、海洋和空中的迁徙物种的活动空间范围。[②] 这个公约为保护和可持续地利用迁徙动物及其栖息地提供了一个全球性的平台；并与CITES相配合，形成了对野生动物进行国际保

---

① 蒋志刚：《CITES公约与生物多样性保护与持续利用》，载《中国生物多样性保护与研究进展Ⅵ——第六届全国生物多样性与持续利用研讨会论文集》，第329—349页。

② 参见联合国环境规划署官方网站，http://www.unep.org/ chinese/Themes/ Biodiversity/ Programmes_ And_Activities/index.asp。

护的条约体系。^①在CMS的框架下，缔约方之间达成了一系列针对野生动物迁徙物种的具体保护协议，其中包括保护低地大猩猩、鲨、地中海海豚和一些非洲和拉丁美洲的鸟类和蝙蝠等野生迁徙物种的保护协议。

《关于特别是作为水禽栖息地的国际重要湿地保护公约》，即《拉姆萨尔公约》，于1971年签订、1975年生效，基本上每三年召开一次缔约方大会。《拉姆萨尔公约》"主张以湿地保护和明智利用为原则，在不损害湿地生态系统的范围内以期持续利用湿地。其内容主要包括：缔约国有义务将境内至少几个以上的有国际重要意义的湿地列入湿地名单，并加以保护；缔约国应根据本国的制度对所登记的湿地进行保护和管理，并在其生态学特征发生变化时向秘书处报告"。^②截至2022年1月，全世界172个签约方加入了该公约，共登记"国际重要湿地"2435处。

《生物多样性公约》及其《卡特赫拉议定书》（Cartagena Protocol）、《名古屋议定书》（Nagoya Protocol）分别生效于1993年、2003年和2010年。《生物多样性公约》是最重要的综合性生物资源保护机制，至2012年10月共召开了11次缔约方大会；^③其三个目标分别是生物多样性的养护、可持续利用生物多样性的组成部分以及公正和公平分享利用遗传资源所产生的惠益。该公约的最高机构为缔约方大会，在其推动下，缔约方在公约框架下进行了大量的具体工作，如2010年的"2010国际生物多样性年中国行动"等。缔约方大会以下设有科学、技术和公益咨询附属机构，资料交换所机制和秘书处。^④着力于生物安全的《卡特赫拉议定书》"旨在确保可能会对生物多样性产生不利影响的现代生物科技产物改性活生物体（LMO）的安全处理、运输和使用，同时考虑人类的健康风险"，因而该议定书也经常被视为是针对危险废物越境转移而作出的治理安排。《名古屋议

---

① John Lanchbery, "The Convention on International Trade in Endangered Species of Wild Fauna and Flora (CITES): Responding to Calls for Action from Other Nature Conservation Regimes," in Sebastian Oberthur, Thomas Gehring ed., *Institutional Interaction in Global Environmental Governance: Synergy and Conflict among International and EU Policies*, pp. 166-167.

② 参见《拉姆萨尔公约》官方网站，http://www.ramsar.org/cda/en/ramsar-home/main/ramsar/1_4000_0__。

③ 《生物多样性公约》第11次缔约方大会于2012年10月8—19日在印度海德拉巴召开。

④ 参见《生物多样性公约》官方网站，http://www.cbd.int/intro/。

定书》的全称是《〈生物多样性公约〉关于获取遗传资源和公正公平分享其利用所产生惠益的名古屋议定书》，意在通过建立遗传资源及其惠益的合理使用方案，在2020年前以火速行动遏止生物多样性流失，壮大生态系统，尤其是濒危的珊瑚礁、森林和其他生态系统，使之能"持续提供基本服务"。

其次，关于淡水资源保护的国际条约。保护淡水资源的国际条约首先表现为地区性的多边和双边条约。比较典型的如2000年的欧盟水框架指令（EU Water Framework Directive）和1996年的欧盟预防与控制污染综合指令（EU Integrated Pollution Prevention and Control, IPPC）等国际淡水环境管制安排，以及北美大湖地区、亚洲湄公河流域等地区的类似机制。

《国际河流利用规则》（《赫尔辛基规则》）签订于1966年，是较早的对跨界河流污染问题进行规范的多边国际条约。该规则要求："必须防止对国际流域任何新的形式的污染，或加重现有污染程度，对同流域国的境内造成重大损害；应采取一切合理措施以减轻国际流域现有的水污染程度，以免对同流域国境内造成重大损害。"[①]

《跨界水道和国际湖泊保护和利用公约》签订于1992年，比较全面地对跨界淡水资源环境保护问题进行了规范。该公约确定了"预防原则""污染者负责原则"等基本原则，要求"沿岸缔约国应该在平等和互惠的基础上，特别是通过达成双边或多边协议进行合作，以防止、控制和减少跨国污染及保护跨界水体的环境或包括海洋环境在内的受这些水体影响的环境为目的，制定有关流域集水区域或其部分的协调一致的政策、计划和战略"。[②] 在该公约框架下，缔约方在各自地理区域内建立起了众多区域性双边、多边跨界水域环境保护条约。

《国际水道非航行使用法公约》签订于1997年。其第四部分与国际水道的保护、保全和管理有关，条款涉及保护和保全水道生态系统，预防、

---

① 《国际河流利用规则》第十条第一款，转自中华人民共和国水利部中国水利国际经济技术交流网，http://www.icec.org.cn/gjhl/gjhltf/200512/t20051212_49721.html。

② 《跨界水道和国际湖泊保护和利用公约》第五条、第六条，转自中华人民共和国水利部中国水利国际经济技术交流网，http://www.icec.org.cn/gjhl/gjhltf/200512/t20051212_49720.html。

减少和控制污染，以及有关国际水道管理的协商等。①

再次，关于防治土地荒漠化的国际条约。《联合国防治荒漠化公约》（United Nations Convention to Combat Desertification, UNCCD）签订于1994年，全称《联合国关于在发生严重干旱和/或荒漠化的国家特别是在非洲防治荒漠化的公约》，是国际社会为应对日益严重的全球性土地荒漠化、沙化而作出的重要努力。其目标是"在发生严重干旱和/或荒漠化的国家，特别是在非洲防治荒漠化，缓解干旱影响，为此要在所有各级采取有效措施，辅之以在符合《21世纪议程》的综合办法框架内建立的国际合作和伙伴安排，以期协助受影响地区实现可持续发展"。② 与其他环境领域的重要"框架性"国际条约一样，UNCCD的最高决策机构是缔约方大会，并下设秘书处、科学技术咨询部门和履约核查部门。在UNCCD框架下，缔约方在能力建设、行动方案、资金与技术合作方面达成了很多具体协议。

最后，关于森林资源保护的国际条约。《联合国防治荒漠化公约》《联合国气候变化框架公约》《联合国生物多样性公约》等诸多"框架性"国际环境条约均涉及森林保护问题，通过这些框架条约，一系列具体的合作机制得以建立。

非常值得一提的是《联合国气候变化框架公约》下的"针对毁林和林质下降的减排机制"（Reducing Emissions from Deforestation and Degradation, REDD）。其核心逻辑是发达国家向发展中国家偿付一定数量的资金，以支持发展中国家保护热带森林，而由此产生的减排量则可记为发达国家履行《京都议定书》减排承诺的一部分。可以看出，REDD的逻辑与清洁发展机制有很大的相似之处。REDD取得了一定进展，帮助巴西、印度尼西亚等国家保护了当地的热带森林。同时，由于各国森林保护的成本存在很大差异，REDD也存在着错误地奖励森林砍伐率高的国家的可能。

此外，由于"生态环境保护"涉及广泛，因而其关涉到的国际组织和跨国安排也格外广泛。政府间国际环境组织方面，除联合国框架中的联合

---

① 参见斯特芬·C.麦卡弗里：《国际水道非航行使用法公约》，转自联合国官方网站，http://untreaty.un.org/ cod/avl/pdf/ha/clnuiw/clnuiw_c.pdf。

② 《联合国防治荒漠化公约》第二条第一款，转自《联合国防治荒漠化公约》官方网站，http://www.unccd.int/ Lists/SiteDocumentLibrary/conventionText/conv-chi.pdf。

国环境规划署、全球环境基金等专司环境问题的国际组织外，联合国大会、联合国经社理事会、联合国可持续发展委员会等国际组织也大都关涉生物多样性、淡水资源、土地资源和森林保护等生态环境保护问题。其重要性无须赘言。

国际环境非政府组织在生态环境保护领域作出了卓越的贡献。如《濒危野生动植物种国际贸易公约》在保护全球濒危野生动植物方面发挥着核心作用，而其产生和演变便与国际环境非政府组织——尤其是世界自然保护联盟（IUCN）的努力密切相关。在该公约的起草、谈判、签订和监督公约执行、提供相关信息方面，世界自然保护联盟都起到了非常关键的作用。CITES框架下目前运行的"大象贸易信息系统"便是世界自然保护联盟的"动植物贸易记录分析中心"（Trade Record Analysis of Flora and Fauna in Commerce, TRAFFIC）的一个子系统。[①] 诸如此类的事例并不罕见。众多国际环境非政府组织，诸如世界水理事会、绿色和平组织等也都积极参与到全球性生态环境保护之中，尤其是在淡水资源保护和防治土地荒漠化方面，在监测、监督、舆论宣传、推动建立治理安排方面，都可以看到国际非政府组织的影响。

（二）当前生态环境的恶化趋势

尽管国际社会在生态环境保护方面作出了上述诸多努力，但全球各领域的生态环境恶化却并未得到有效遏制。

在生物多样性方面，"物种的大量、持续丧失还是在一定程度上促成了生态系统的恶化。某些类别中高达三分之二的物种面临着灭绝威胁；物种种群正在减少，自1970年以来，脊椎动物种群已减少了30%，土地转用和退化已导致某些自然生态环境系统减少了20%。气候变化将对生物多样性造成深远影响，尤其是在与其他威胁相结合的情况下"。[②] 作为全球最大的国际环境非政府组织之一，世界自然基金会和伦敦动物学会长期监测"全

---

① 参见王杰、张海滨、张志洲主编《全球治理中的国际非政府组织》，北京大学出版社，2004，第334—337页。

② UNEP, *Global Environmental Outlook 5 (Summary for Policy Makers)*, p. 10, 转自 UNEP 官方网站：http://www.unep.org/geo/pdfs/GEO5_SPM_English.pdf。

球生命行星指数"。这一数据具有较高的置信度。图6描述了该指数的发展方向。全球性生物多样性的破坏已经到了令人触目惊心的地步。

淡水资源破坏和土地退化同样非常严重。"世界上很多地方的淡水资源越来越稀缺。今天世界上有28亿人生活在水资源紧张的状况下；如果不实施新的有效政策，到2030年，预计全世界将有一半人口生活在这种条件下。"[①] 土地的退化也不容乐观。"不可持续的土地和水资源利用正在加剧土地的退化，包括土壤侵蚀、养分流失、缺水、盐碱化、化学污染和生物圈破坏等。这些变化的累积影响威胁到食品安全、生物多样性和固碳功能与碳储存。"[②] 可以看到，生态环境的持续恶化已经是非常严重的现象。

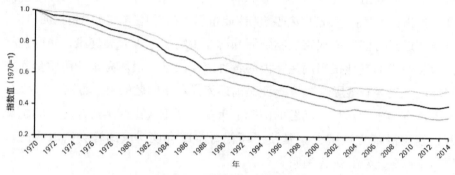

图6　全球生命行星指数

资料来源：世界自然基金会和伦敦动物学会（2018），转自UNEP, *Global Environmental Outlook 6 (Summary for Policy Makers)*, p. 10，转自 UNEP 官方网站：https://www.unenvironment.org/resources/global-environment-outlook-6。

四、海洋环境问题及其治理安排

本部分中的"海洋环境问题"是指由人类活动作用于海洋并反过来对人类自身造成有害影响和危害的问题，又称为人为海洋环境问题或次生海

[①] UNEP, *UNEP Year Book 2010: New Science and Developments in Our Changing Environment*, p. 59, 转自 UNEP 官方网站：http://www.unep.org/geo/yearbook/yb2010/PDF/GYB2010_English_full.pdf.

[②] UNEP, *Global Environmental Outlook 4 (Summary for Decision Makers)*, p. 10, 转自 UNEP 官方网站：http://www.unep.org/geo/GEO4/media/GEO4%20SDM_launch.pdf.

洋环境问题。在这个意义上，"海洋环境问题"可以分为两大类，一是投入性损害或污染性损害，简称"海洋环境污染"，即由于人类不适当地向海洋环境中排入、投入、引入污染物或其他物质、能量（统称"排污活动"）所造成的对环境的不利影响和危害，如陆源污染、船舶污染、海上石油污染等；二是取出性危害或开发性危害，简称"海洋生态破坏"或"海洋环境破坏"，又称非污染性损害，即由于人类不适当地从海洋环境中取出或开发出某种物质、能源（统称"非排污活动"）所造成的对海洋环境的不利影响和危害，如滥捕海洋鱼类、滥采海洋矿产等。污染性损害与非污染性损害的区别主要在于损害海洋的方式不同，一个强调引入或引进物质，另一个强调取出物质。① 《联合国海洋法公约》第一条规定，"'海洋环境污染'是指：人类直接或间接把物质或能量引入海洋环境，其中包括河口湾，以致造成或可能造成损害生物资源和海洋生物、危害人类健康、妨碍包括捕鱼和海洋的其他正当用途在内的各种海洋活动、损坏海水使用质量和减损环境优美等有害影响"。② 这便是前述海洋环境问题的第一方面。

现有关于海洋环境问题的国际治理安排便围绕这两类海洋环境问题展开，发展沿革方面则大致延续了斯德哥尔摩会议、里约峰会所取得的进展。本部分将对其进行阐明。

现有国际海洋环境治理安排主要由相关国际公约、条约、协定所构成的国际海洋环境法规和参与海洋环境治理的国际组织所构成。相关海洋环境制度围绕海洋环境污染和海洋生态破坏对海洋环境退化问题进行管理，以国际海事组织、联合国环境规划署为代表的国际组织则持续推动国际海洋环境保护深入发展。

（一）国际海洋环境条约③

针对海洋环境污染的国际海洋环境法规主要包括四大类：控制海洋倾

---

① 刘中民等：《国际海洋环境制度导论》，海洋出版社，2007，第46—47页。参见蔡守秋、何卫东：《当代海洋环境资源法》，煤炭工业出版社，2001，第6—9页。

② 《联合国海洋法公约》，海洋出版社，1992，第3页。

③ 本书本部分的写作参考了刘中民、王曦的研究，参见刘中民等：《国际海洋环境制度导论》，海洋出版社，2007，第78—84页；王曦：《联合国环境规划署环境法教程》，法律出版社，2002。

倒的国际条约、控制陆源污染的国际条约、控制船舶污染的国际条约、控制海洋污染事故的国际条约。这些条约共同构成了控制污染性海洋环境损害的国际管控体系。[①]

"倾倒"一般被定义为"任何从船舶、飞机、平台或其他海上人工构造物上有意地在海上倾倒废弃物及其他物质的行为",以及"任何有意地在海上弃置船舶、飞机、平台和其他海上人工构造物的行为"。[②] 控制海洋倾倒的国际条约包括《联合国海洋法公约》(1982)、《防止船舶和飞机倾弃废物污染海洋公约》(1972)、《保护东北大西洋海洋环境公约》(1992)、联合国环境规划署"区域海计划"框架下签订的区域海洋保护公约,以及最具重要性和综合性的《防止倾倒废物及其他物质污染海洋的公约》(1972)及其议定书(1996)。《防止倾倒废物及其他物质污染海洋的公约》是唯一关于海洋倾倒问题的全球性条约。该公约以三个附件列举了三大类受到管制的物质。[③] 1996年10月公约缔约方特别会议通过了该公约的议定书,引入了"风险预防原则"和"污染者负担原则"。[④]《联合国海洋法公约》为各国制定海洋环境保护法律提供了国际规则和相应的技术标准,并规定特定情形的倾倒行为应当事先征得有关国家的许可。

关于陆源污染管控,《联合国海洋法公约》作出了很多相关规定;相关的国际条约还包括前后相继的《防止陆源海洋污染公约》(1974)和《保护东北大西洋海洋环境公约》(1992),《保护海洋环境免受陆源污染的蒙特利尔准则》(1985),联合国环境规划署推动签订的针对地中海、东南太平洋和科威特区域海域的防止陆源污染公约及其议定书等。《联合国海洋法公约》缔约方承诺制定全球性和地区性的防止陆源污染的国际条约,并将之践行于国内法。《保护东北大西洋海洋环境公约》于1998年取代《防止陆源海洋污染公约》,对陆源污染采取了更为严厉的管控标准和措施,规定所有污染物质的排放必须征得事先许可。该公约扩大了"陆源"的定义,

---

① 参见刘中民等:《国际海洋环境制度导论》,海洋出版社,2007,第78—84页。

② 《防止倾倒废物及其他物质污染海洋的公约》,第三条第三款。参见 http://www.gdmsa.gov.cn/fg1.asp? id=1121。

③ 刘中民等:《国际海洋环境制度导论》,海洋出版社,2007,第79页。

④ 王曦:《联合国环境规划署环境法教程》,法律出版社,2002,第238页。

将陆上点源、散源和海岸都纳入其中。这个定义包括了通过隧道、管道或其他同陆地相连的海底设施和通过位于缔约国管辖权之下的海洋区域的人造结构故意处置污染物质的源。①

针对船舶污染的国际条约包括《联合国海洋法公约》《国际防止船舶造成污染公约》（1973）及其议定书（1978）。作为海洋环境保护领域最重要的多边"框架机制"，《联合国海洋法公约》规定了船旗国、沿海国、港口国在防止船舶污染方面的责任和义务。《国际防止船舶造成污染公约》及其议定书、附则意在"彻底消除有意排放油类和其他有毒物质而对海洋环境造成污染，并将这些物质的意外排放减至最低限度"。② 该公约及其议定书的管辖范畴包括缔约国船舶和在缔约国管辖下运营的船舶，并要求缔约国和国际海事组织在船舶污染方面保持顺畅的信息沟通。

随着战后国际贸易总量的快速增长，对海洋污染事故进行国际管控的任务也随之而来。现有主要全球性多边国际条约有《国际干预公海油污事故公约》（1969）、《关于油类以外物质造成污染时在公海上进行干涉的议定书》（1973）、《国际救助公约》（1989）《关于石油污染的准备、反应和合作的国际公约》（1990）。《国际干预公海油污事故公约》授权缔约国可在公海上采取必要措施，防止、减轻或消除由海上事故或同事故有关的行动所产生的海上油污或油污威胁对它们的海岸线或有关利益的严重和紧迫的危险。③ 沿岸国采取的相关措施，应与受到海上污染事故的其他国家、船旗国进行协商，并将其准备采取的措施告知将可能受到影响的自然人和法人，并考虑他们的意见。④ 沿岸国针对事故污染采取的过当措施，对其他自然人、法人造成损失的，应予以赔偿。⑤《国际干预公海油污事故公约》的缔约国在1973年又签订了《关于油类以外物质造成污染时在公海上进行

---

① 《保护东北大西洋海洋环境公约》，第一条e款。

② 《国际防止船舶造成污染公约》（1973）序言。参见http://www.iicc.ac.cn/ 05international_cooperation/t20031110_17790.htm。

③ 《1969年国际干预公海油污事故公约》，第一条。参见http://www.gdmsa.gov.cn/fg1.asp? id=1117。

④ 《1969年国际干预公海油污事故公约》，第三条。参见http://www.gdmsa.gov.cn/fg1.asp? id=1117。

⑤ 《1969年国际干预公海油污事故公约》，第五条第一款、第六条第一款。参见http://www. gdmsa.gov.cn/fg1.asp? id=1117。

干涉的议定书》，其附件中详细列举了应进行干涉的物质。

涉及海洋生态破坏管控的国际海洋环境法规数量很多。其中，以《联合国海洋法公约》最为重要，《21世纪议程》（1992）、《生物多样性公约》（1992）、《公海生物资源捕捞及养护公约》（1958）、《保护野生迁徙动物物种公约》（1979）、《南极海洋生物资源养护公约》（1980）等多边国际条约也都针对海洋生态破坏问题作出了管控规定。此外，针对个别物种，如海豹、企鹅、鲸鱼等的区域和全球性保护公约也起到了养护海洋生态的作用。

《联合国海洋法公约》专有"海洋环境的保护和保全"部分，其中对沿海国对其领海、专属经济区所享有的海洋生态资源开发使用权利和保护养护义务作出了详尽的规定，试图保护海洋的生态平衡，实现生物资源的可持续利用。第六十一条第四款提出，"沿海国在采取这种措施时，应考虑到与所捕捞鱼有关联或依赖该鱼种而生存的鱼种所受的影响，以便使这些关联或依赖的鱼种的数量维持在或恢复到其繁殖不会受严重威胁的水平以上"。[①]《21世纪议程》是1992年联合国环境与发展大会的重要成果。其第十七章的内容为"保护大洋和各种海洋，包括封闭和半封闭海以及沿海区，并保护、合理利用和开发其生物资源"，明确提出要"可持续地善用和保护公海的海洋生物资源"和"可持续地利用和养护国家管辖范围内的海洋生物资源"。[②]

以上对有关海洋环境保护的国际公约、条约及其议定书进行了简单的梳理。可以看出，国际社会对于海洋环境保护作出了广泛并且是比较深入的努力。

（二）参与海洋环境保护的国际组织

参与海洋环境保护的重要国际组织包括联合国系统中的国际海事组织（International Maritime Organization, IMO）、国际海事法学院（International Maritime Law Institute, IMLI）、国际海底管理局（International Seabed

---

① 《联合国海洋法公约》第61条，海洋出版社，1992，第30页。

② 《21世纪议程》，见http://www.hwcc.com.cn/newsdisplay/newsdisplay.asp? Id= 44316。

Authority, ISA）、国际海洋法法庭（International Tribunal for the Law of the Sea, ITLOS）、联合国环境规划署、联合国贸易与发展会议（United Nations Conference on Trade and Development, UNCTAD）、世界海洋大学（World Maritime University, WMU）、世界气象组织（World Meteorological Organization, WMO）。[①] 此外，联合国粮食与农业组织（United Nations Food Agriculture Organization, UNFAO）、全球环境基金（Global Environment Facility, GEF）、联合国海洋事务和海洋法司、世界银行等国际组织也都在国际海洋保护领域作出了贡献。

国际海事组织是联合国系统中唯一专职于海洋事务的国际组织。自其前身"政府间海事协商组织"于1959年建立以来，国际海事组织建立起了一系列非常精致的条约和非条约制度以提升"商业航行的安全性"并"防止和控制船舶造成的海洋污染"。[②] 在过去的50多年间，国际海事组织主持、推动制定的针对海上污染事故管控的国际条约多达40多个，并均已经生效。这些制度在过去20年间取得了较好的成就：这一时期国际航运业务量激增，而由船舶引起的石油污染和漏油事故总体上保持了稳中有降的态势。但是，由于国际海事组织的管控对象限于"船舶造成的海洋污染"，这便意味着"（国际海事组织）的环境保护工作所针对的只不过是10%左右的人为海洋污染……而余下的占到人为海洋污染总量90%的污染源则是陆源的。客观来看，单纯向航运业施加严格的防止污染措施而忽视陆源污染的管制，这种做法是不公平的"。[③] 总的来看，国际海事组织在其所要解决问题的范畴内取得了成绩，但对于总体海洋污染形势而言，其作用便显

---

① 参见 Andree Kirchner, "International Marine Environmental Law: Editorial Introduction," in *International Marine Environmental Law: Institutions, Implementation and Innovations,* ed. Andree Kirchner (Netherlands: Kluwer Law International, 2003), p. 3。

② Agustin Blanco-Bazan, "The Environmental UNCLOS and the Work of IMO in the Field of Prevention of Pollution from Vessels," in *International Marine Environmental Law: Institutions, Implementation and Innovations,* ed. Andree Kirchner (Netherlands: Kluwer Law International, 2003), p. 31.

③ Agustin Blanco-Bazan, "The Environmental UNCLOS and the Work of IMO in the Field of Prevention of Pollution from Vessels," in *International Marine Environmental Law: Institutions, Implementation and Innovations,* ed. Andree Kirchner (Netherlands: Kluwer Law International, 2003), p. 32.

得非常单薄。

国际海洋法法庭是一个常设的国际司法实体，其功能是作为《联合国海洋法公约》之下的一个争议解决机制。国际海洋法法庭的角色和作用受到两个因素的影响：一是《联合国海洋法公约》的相关条款，这些条款限定了其章程和司法权限；二是公约缔约方是否同意将争议提交给法庭裁决。[1] 根据《联合国海洋法公约》第二百九十七条，因沿海国行使该公约规定的海洋环境保护的主权权利或管辖权而发生的对本公约的解释或适用的争端都可以向国际海洋法法庭提起诉讼。这一司法范围是相当宽泛的，按照该规定，几乎所有违反公约关于海洋环境保全规定的行为均可向国际海洋法法庭发起指控。并且，国际海洋法法庭对于国际海底管理局提交的海底争端事件，以及其他海洋环境保护条约的相关法律问题有权提出咨询意见。[2]

此外，联合国系统中很多并非专司海洋环境保护的机构，也在相关领域作出了很多贡献。联合国环境规划署在海洋环境保护方面也作出了很多努力，组织发起了一系列的国际谈判；推动通过了《保护海洋环境免受陆源污染全球行动计划》（1995）；主持建立起了"区域海计划"。联合国粮农组织主持订立了如《捕捞能力管理国际行动计划》（1999）、《关于在国际贸易中对某些危险化学品和农药采用事先知情同意程序的鹿特丹公约》（1998），并针对海洋污染对于海洋生物、捕鱼作业以及受污染海产品对人类健康的影响做了大量研究和贡献。世界气象组织在世界天气观测（World Weather Watch, WWW）方面与政府间海洋学委员会（Intergovernmental Oceanographic Commission, IOC）展开合作，以提升对全球气象变化的理解，并对因大气运载而对海洋造成的污染进行了深入的研究。世界银行、全球环境基金[3] 则在环境保护领域扮演了非常重要的资金提供者、投资者角色，每年向海洋环境保护领域提供大量资金和技术支持。

---

[1]　David H. Anderson, "The Role of ITLOS as a Means of Dispute Settlement under UNCLOS," in *International Marine Environmental Law: Institutions, Implementation and Innovations*, ed. Andree Kirchner (Netherlands: Kluwer Law International, 2003), pp. 19-20.

[2]　刘中民等：《国际海洋环境制度导论》，海洋出版社，2007，第88页。

[3]　全球环境基金由联合国开发计划署、联合国环境规划署和世界银行共同管理。

（三）全球性海洋环境问题的发展

如上文所述，海洋环境问题主要包括海洋污染和海洋生态恶化两个方面。此外，极地海洋环境恶化和海洋自然与文化遗产的破坏也逐步提上了海洋环境问题的议程。与其他全球性环境问题的发展类似，尽管近半个世纪来国际社会作出了巨大努力，但海洋环境问题的恶化并没有受到明显遏制。"过去30年来，总体而言，沿海和海洋环境的退化不但继续，而且加剧了。尽管采取了相应的国家和国际行动，但从1972年就已意识到的海洋污染、海洋生物资源过度捕捞及沿海生态环境丧失等主要威胁依然存在。"[①]

海洋污染已经成为联合国环境规划署提出的威胁人类的十大环境问题之一，主要包括石油污染、有毒有害化学物质污染、放射性污染、固体垃圾污染、有机物污染以及海水缺氧等。[②]从全球范围来看，由于集约化农业的高速发展，农业化学品的使用激增，氮和磷向近海的排放已经成为严重的海洋污染问题；随之而来的有害微生物暴发及其导致的赤潮也已经成为亚洲太平洋沿海地区的棘手问题。工业污染、危险废物的处理不当、石油和重化工业造成的海洋污染在过去半个世纪中愈演愈烈。[③]自1990年以来，富营养化的沿海地区数量显著上升——至少有415个沿海地区已表现出严重的富营养化现象，并且这其中只有13个正在恢复。[④]此外，近年来海上事故造成的污染也十分严重。

海洋生态的退化同样处于严重恶化的趋势之中。"进入21世纪以来，一种可怕的趋势是，世界鱼类中的四分之三正被最大程度地捕捞，许多趋于枯竭。"[⑤]"过度捕捞、污染和温度上升已威胁到世界被评估渔业资源的

---

① 联合国环境规划署：《全球环境展望3》，中国环境出版社，2002，第206—207页。

② Lorraine Elliott, *The Global Politics of the Environment (Second Edition)* (New York: Palgrave Macmillan, 2004), pp. 67-69.

③ Lorraine Elliott, *The Global Politics of the Environment (Second Edition)* (New York: Palgrave Macmillan, 2004), pp. 69-72.

④ UNEP, *Global Environmental Outlook 5 (Summary for Policy Makers)*, p. 10, 转自UNEP官方网站：http://www.unep.org/geo/pdfs/GEO5_SPM_English.pdf.

⑤ 联合国环境规划署：《全球环境展望3》，第179页。

63%。自20世纪60年代以来，海洋死亡带的范围每十年翻一番。目前，有近400个海岸带周期性或经常出现化肥径流、废水排放和化石燃料燃烧引起的氧气耗竭现象。"[1] 沿海红树林、珊瑚礁和潮汐湿地均具有重要的生态养护功能。珊瑚礁的退化和破坏已经是广为人知的事实。在水产养殖、过度商业性捕捞和大规模城市化、工业化进程的影响下，沿海红树林和潮汐湿地遭到了全球性的严重破坏。有数据表明，近半个世纪以来，东南亚和拉丁美洲的沿海红树林减少了超过一半。[2] 而上述生态恶化现象业已对海洋生物多样性造成严重破坏。

日益频繁的人类活动对南北两极的极地海洋环境造成广泛的负面影响。过度捕捞威胁着南北两极海洋的生物资源；陆源海洋污染通过海流运输沉积在南北两极海域，极地生物体内普遍发现重金属沉积；北冰洋的油气资源开发造成北极石油污染。总体来看，全球性海洋环境破坏的发展趋势非常严峻。

五、有害物质越境转移及其治理安排

有害物质的涉及范围非常广泛，从持久性有机污染物到被重金属污染的物质，再到危险化学品、农药和各种危险生物制剂，都可能严重地危害自然环境和人类健康。国际废物非法转移和非法贸易已经成为严重的全球性环境问题，对国际社会产生了深远的影响。尤其是20世纪80年代起，发达国家对有害物质采取了较为严厉的管控措施，大大增加了在其境内进行有害物质处理的成本。在此背景下，大量的有害物质从发达国家流入了处理成本较低、管制相对宽松的发展中国家。由此，国际社会开始了针对有害物质非法越境转移的国际管控。

---

[1]　UNEP, *UNEP Year Book 2010: New Science and Developments in Our Changing Environment*, p. 14, 转自UNEP官方网站：http://www.unep.org/geo/yearbook/yb2010/PDF/GYB2010_English_full.pdf。

[2]　联合国环境规划署：《全球环境展望2000》，见http://pops.pku.edu.cn/geo2000c/index.htm。

（一）针对有害物质越境转移的国际条约

《控制危险废物越境转移及其处置巴塞尔公约》，简称《巴塞尔公约》，签订于1989年，其目标在于"最大限度地减少包括化学废物在内的有害废物的生成，最大限度地控制和降低这类物质的越境转移，并以此保护人类的健康和自然环境"。① 该公约规定不得向南极和其他禁止进口相关物质的缔约方出口有害物质；对其他缔约方出口有害物质必须事先告知详细信息并征得进口国许可。该公约明确提出了发展中国家是有害物质出口的主要受害方。《巴塞尔公约》现有166个缔约方，包括了除美国以外的全部主要有害废物产生国和出口国。作为一项"框架性"公约，《巴塞尔公约》的逐步细化、落实、形成具体可操作的履约机制等工作同样是经过了历次缔约方会议而得以完成，尤其是1995年通过的公约修正案和1999年第5次缔约方会议达成的《责任与赔偿议定书》以及2011年第10次缔约方会议达成的一系列协议。1995年修正案禁止发达国家向发展中国家出口有害废物，这一修正案在发达国家的阻挠下一直未能生效，直至2011年第10次缔约方会议达成一系列协议后才得以落实。1999年议定书则明确规定了有害废物非法越境的责任与赔偿义务。至2011年10月，《巴塞尔公约》共召开10次缔约方会议。② 通过历次缔约方会议的艰难谈判，缔约方达成了一系列协议、议定书，建立起了一个可执行的法律框架。③

1998年《关于在国际贸易中对某些危险化学品和农药采用事先知情同意程序的鹿特丹公约》（简称《鹿特丹公约》）和2001年《关于持久性有机污染物的斯德哥尔摩公约》（简称《斯德哥尔摩公约》）针对危险化学品类物质的越境转移进行了严格的规范。化学品是经济和社会生活中的必需品，但又往往具有高度的危险性，因此进口国和出口国之间应在相关领域

---

① David Leonard Downie, Jonathan Krueger, Henrik Selin, "Global Policy for Hazardous Chemicals," in *The Global Environment: Institutions, Law, and Policy (the 2nd Edition)*, ed. Regina S. Axelrod, David Leonard Downie, Nroman J. Vig (Washington, D.C., CQ press, 2005), p. 128.

② 《巴塞尔公约》缔约方大会第十次会议于10月21日在哥伦比亚卡塔赫纳闭幕。参见联合国官方网站：http://www.un.org/chinese/News/fullstorynews.asp?newsID=16513。

③ 参见张湘兰、秦天宝：《控制危险废物越境转移的巴塞尔公约及其最新发展：从框架到实施》，《法学评论》2003年第3期。

进行密切合作。经过联合国粮农署、环境规划署、95个参与国和若干非政府组织的共同努力,《鹿特丹公约》得以签订。其核心内容是,"要求各缔约方对公约附件中规定的危险化学品的国际贸易进行'事先知情同意'程序"。[①]《斯德哥尔摩公约》针对持久性有机污染物（Persistent Organic Pollutants，POPS）进行管控,"详细规定了缔约方淘汰滴滴涕等杀虫剂类持久性有机污染物、处置和无害化管理多氯联苯、采取措施持续减排二恶英、对含持久性有机污染物的废物和污染场地进行环境无害化管理等各项义务和具体时限,对缔约方的履约能力提出了很高要求"。[②] 此两个公约为了加强缔约方的履约能力和区域协调,分别建立了若干"《巴塞尔公约》区域协调中心"和"《斯德哥尔摩公约》地区能力建设与技术转让中心",为缔约方实践履约责任提供技术和政策支持。

上述三个公约及其议定书、协议、修正案构成了国际社会针对有害物质越境转移的管控体系。除此之外,2006年《国际化学品管理战略方针》《卡特赫拉议定书》和针对非洲国家环境保护并于1998年生效的《巴马科公约》也都在危险物质越境转移方面作出贡献。

（二）关涉有害物质越境转移的国际组织和跨国安排

政府间国际环境组织在有害物质越境转移国际管控方面作出的贡献是有目共睹的。例如,《鹿特丹公约》的谈判自一开始就是在联合国粮农组织和联合国环境规划署的共同主持下进行的。相关的研究已经非常丰富,本书不再赘述。而本领域中的一些跨国、跨机制安排和非政府组织的功能和贡献同样非常值得关注。

"三公约协调增效机制"对于当前的全球环境治理来说,无疑是个成功的案例。该机制展示了如何通过机制间的协调与合作来提升全球环境治理水平。"三公约协调增效机制"通过加强三公约间的协调,帮助缔约方更

[①]　David Leonard Downie, Jonathan Krueger, Henrik Selin, "Global Policy for Hazardous Chemicals," in *The Global Environment: Institutions, Law, and Policy (the 2nd Edition)*, ed. Regina S. Axelrod, David Leonard Downie, Nroman J. Vig (Washington, D.C., 2005), p. 132.

[②]　余刚、周隆超、黄俊、邓述波:《持久性有机污染物和〈斯德哥尔摩公约〉履约》,《环境保护》2010年第23期。

好地实现履约承诺。该机制在建立国家工作框架、制度间机制以及提升应对危险化学品的能力方面提高了现有治理资源的利用效率，并着力于整合三个公约的技术支持机制以帮助发展中国家和经济转型国家进行履约能力建设等诸多方面。

著名的非政府组织"巴塞尔行动网络"是全球唯一专门针对有毒物质贸易和全球环境不公正的国际组织。其目标"是防治有毒化学品危机的全球化趋势，反对有毒废物、有毒产品和有毒技术的国际贸易——这些贸易往往是将此类物质从富裕国家转移到贫穷国家"。[①] "巴塞尔行动网络"在有毒物质贸易信息精确统计、国际政策咨询、有毒物质贸易及其后果的研究与调查、发起广泛的跨国环境运动等方面作出了卓越的贡献。该组织每年发布的若干研究和调查报告是本领域内颇具权威性和影响力的信息源；报告内容为《联合国环境规划署年鉴》等权威资料广泛引用，并逐步成为三公约缔约方会议的重要议事基础性信息源。"巴塞尔行动网络"目前正在运行的"电子废物管理项目""绿色废船拆卸""零水银运动"等针对有毒物质的环保运动也已产生了一定影响。

（三）有害物质越境转移的严峻形势

尽管《巴塞尔公约》《鹿特丹公约》《斯德哥尔摩公约》三个公约及其框架下的议定书、协议、修正案对有害物质越境转移进行了比较全面、严格的限制，但废物贸易依然是一个全球性的行当。"人们担心，《巴塞尔公约》无法防止贩卖废物的肆虐。"[②] 很多观点认为这是因为美国并没有加入这三个公约，但据欧洲环境总署估计，每年有2000万个废物集装箱通过合法或非法途径从欧洲运往世界各地——须知，欧洲国家是普遍加入了《巴塞尔公约》的。此外，世界各地频频出现的关于有毒废物的丑闻也显示，[③] 全球仍然需要付出巨大的努力，并对现有治理体系进行深入的调整，这样

---

① 参见"巴塞尔行动网络"官方网站，http://www.ban.org/about/。

② UNEP, *UNEP Year Book 2010: New Science and Developments in Our Changing Environment*, p. 26, 转自 UNEP 官方网站：http://www.unep.org/geo/yearbook/yb2010/PDF/GYB2010_English_full.pdf。

③ 比较晚近的例子包括在2009年发生的意大利卡拉布里亚蓄意毒物沉船、巴西商人从英国向巴西出口生活及医疗废物和2006年科特迪瓦毒污泥填埋等事件。

做才能应对这一问题。

　　本章对全球性环境问题及其现有国际治理安排进行了比较系统的阐释。从中不难看出，尽管国际社会针对全球性环境问题进行了广泛的合作并作出了众多的治理安排，但这些问题却大都处于持续甚或加速恶化的过程之中。当然，也存在一些相对成功的案例。本书已在导论中给出了现有的各类解释方案，并评述其优点与不足。后文中，本书将以全球治理理论为基本范式，在其基础上，以全球环境治理的结构与过程为研究对象，逐步构建起本书解释方案。

第二章　全球环境治理结构与过程的理论分析

　　国际社会对于全球性问题通常有两种解决方案：建立适当的市场机制实现公共产品的市场化供给；或通过国际合作实现公共产品的国家间合作供给。但正如本书第一章所论及的那样，在一些领域中，市场失灵明显，而国家合作又难以达成或效果不佳，如全球气候变化、海洋环境破坏等领域。此时，"治理"（Governance）的空间便出现了。[①] 但"治理"绝非生而万能，其效用的发挥需要适当的结构与过程。本章意在阐释全球治理理论对其结构与过程的学术讨论，并对其进行深入的分析，以此为后文论述全球环境治理在结构与过程方面的应然特性提供理论基础。

　　本章将阐明"全球环境治理理论"的基本内涵，进而分别阐释并分析全球环境治理理论对治理结构与过程的研究，并在此基础上，论证本书中全球环境治理结构与过程的概念及其包含的要素，从而初步阐明本书所要提出的分析框架。

一、"全球环境治理"的理论内涵

　　本部分将阐述全球环境治理理论的内涵，揭示这一理论群落对全球环境问题的治理方案的共同认识。在此基础上，总括性地分析全球环境治理结构与过程的理论含义。同时，本部分也将阐明全球环境治理理论在分析现有治理安排的缺陷方面所存在的局限。

---

　　① 参见俞可平：《全球治理引论》，转自俞可平主编，张胜军副主编《全球化：全球治理》，社会科学文献出版社，2003。

（一）全球环境治理的概念与特点

学界对"治理"和"全球治理"作出了非常丰富的界定。全球治理理论的主要创始人之一詹姆斯·罗西瑙这样解释治理："一系列活动领域里的管理机制，它们虽未得到正式授权，却能有效发挥作用。治理指的是一种由共同目标支持的活动，这些管理活动的主体未必是政府，也无须依靠国家的强制来实现，它包括政府机制，同时也包括非正式的、非政府的机制。"① 全球治理委员会对治理作出的定义同样具有很大的影响力："治理是各种公共的、私人的机构、个人管理其共同事务的各种方式的总和。它是使相互冲突或不同的利益得以调和，并且采取联合行动的协调过程。治理既包括有权迫使人们服从的正式制度和规则，也包括各种人们同意或以为符合其利益的非正式安排。"② 除了上述两个比较权威的界定之外，很多全球治理学者也都提出了全球治理的概念。如托尼·麦克格鲁提出，"全球治理指的是，从地方到全球的多层次中公共权威与私人机构之间一种逐渐演进的（正式与非正式）政治合作体系，其目的是通过制定和实施全球的或跨国的规范、原则、计划和政策来实现共同的目标和解决共同的问题。简单点来说，它就是'各种路径的综合'，借此赋予逐渐缩小的世界以政治方向"。③ 我国学者俞可平这样定义全球治理："全球治理是各国政府、国际组织、各国公民为最大限度地增加共同利益而进行的民主协商与合作，其核心内容应当是健全和发展一套维护人类安全、和平、发展、福利、平等和人权的新的国际政治经济秩序，包括处理国际政治经济问题的全球规制和制度。"④ 我国学者蔡拓对全球治理进行的概念界定则从本质上揭示了其内涵："所谓全球治理，是以人类整体论和共同利益论为价值导向的，多元

① 詹姆斯·罗西瑙主编《没有政府的治理》，张胜军、刘小林译，江西人民出版社，2001，第5页。

② Commission on Global Governance, *Our Global Neighborhood* (Oxford: Oxford University Press, 1995), pp. 2-3.

③ 托尼·麦克格鲁：《走向真正的全球治理》，转自俞可平主编，张胜军副主编《全球化：全球治理》，社会科学文献出版社，2003，第151页。

④ 俞可平：《全球治理引论》，转自俞可平主编，张胜军副主编《全球化：全球治理》，社会科学文献出版社，2003，第13页。

行为体平等对话、协商合作、共同应对全球变革和全球问题挑战的一种新的管理人类公共事务的规则、机制、方法和活动。"①

所谓"全球环境治理",其实质是将全球治理的特点移植到全球环境问题的论域中来,以多元化的治理主体、多层次的治理维度,依靠多种性质的权威,在一定的治理框架内应对全球性环境问题的理论与实践范式。它既包括传统意义上的国家间机制,也包括多种治理主体共同参与、合作而形成的诸多跨国安排,是诸多路径的综合。

尽管学者们为全球治理作出的界定不尽相同,但仍然可以从中看到一些共识性的观点。从中可以分析全球环境治理的一些特点。首先,"全球治理的一个中心特点是,私人机构、非政府组织在治理的创建和执行方面所起到的重要作用";② 同时,这些非国家治理主体逐步联合也逐步成为全球事务管理的重要因素。可以认为,治理主体的多元化及其跨国网络的结成,是全球治理的第一个特征。

传统的国际治理强调国家及其政府间机制在全球事务中的主导地位,当这种方式未能充分有效应对一些特定的全球性问题时,全球治理学者开始关注非国家行为体及其跨国网络在全球事务中的作用,认为(同时也希望)可以以之平衡、弥补国家在威斯特伐利亚体制中片面追求个体利益的冲动。这个趋势也可以简单地表述为:从政府转向非政府,从国家转向社会。

其次,与国际环境治理不同,全球环境治理的行为不仅在国家和国家间的层次上非常活跃,并且也在超国家、次国家的层次上持续展开。而在每一个层次上,全球治理均涉及多种治理主体进行跨部门、跨领域的联系。存在"多层次、跨部门的联结",是全球环境治理的第二个特征。

最后,"治理(Governance)与统治(Government)的最基本、甚至可以说是最本质性的区别就是,治理虽然需要权威,但这个权威不一定是政府机关;统治的主体一定是社会公共机构,但治理的主体可以是公共机构,

---

① 蔡拓主编,刘贞晔副主编《国际关系学》,高等教育出版社,2011,第299页。

② Robert W. Cox, "Social Forces, States and World Orders: Beyond International Relations Theory," in Timothy J. Sinclair ed., *Global Governance: Critical Concepts in Political Science* (New York: Routledge, 2004), p. 5.

也可以是私人机构，还可以是两者的联合"。① 可见，治理强调权威而不仅仅是权力，强调诸治理主体之间的合作而非片面强调某一特定主体的作用。不能因为某些治理主体没有强制性的"权力"，而认为其在本质上是无力的。以上三点构成了全球环境治理理论群和治理实践的共同特征。

（二）多元化的全球环境治理主体

当代世界的一个基本政治现实是，新的政治行为体正在激增，这些新行为体在环境领域中共同承担治理功能、分享政治权威，并由此形成了全球问题的"多层治理"（Multilevel Governance）。而超国家层次、国家、社会层次的治理主体的相互联系，又形成了一个规模宏大的治理网络。治理强调权威，而非权力，因为其不仅需要有强制力的公共机构，同样也需要没有强制力，但却拥有相当影响力的其他主体。这些主体具有稳定的组织机构，一同制定和实施全球治理安排。一般来看参与全球环境治理的主体包括国家政府和次国家政府、政府间国际组织、国际非政府组织、跨国企业以及科学机构。②

国家作为一类治理主体，主要是指以中央政府作为代表、以整个国家为整体的单一理性行为体。"现代民族国家与全球化发展的内在联系，再加上威斯特伐利亚体制尚未根本动摇，决定了现代民族国家是推进全球化、促进全球治理、构建全球社会的根本力量。"③ 换而言之，从国际政治的现实来看，国家依然是最重要的国际关系行为体。在全球性事务的治理活动中，虽然国家不再具有"唯一"地位，但也占据着主导性的地位。主权国家能否积极适应全球治理的需要，"关键是……国家主权的选择、国家在市场中的地位与作用、国家与社会关系的调整"④ 这三方面。其中，最重要

---

① 俞可平：《全球治理引论》，转自俞可平主编，张胜军副主编《全球化：全球治理》，社会科学文献出版社，2003，第6—7页。

② See Peter M. Hass, "Addressing the Global Governance Deficit," *Global Environmental Governance* 4 (4), Nov. 2004.

③ 俞正樑：《国际关系与全球政治——21世纪国际关系学导论》，复旦大学出版社，2007，第250页。

④ 俞正樑：《国际关系与全球政治——21世纪国际关系学导论》，复旦大学出版社，2007，第251页。

的便是国家要学会与市场、社会共享治理权威，并为市场、社会两类治理主体搭建治理平台。

次国家政府也已经逐步成为参与全球治理的重要主体。研究指出，次国家政府参与国际合作具有四个特点。首先是非主权性，次国家政府在参与国际事务时的自主性是有条件和限度的，只是国家参与的补充。其次是政府性，其行为不仅具有法律依据，更有国家强制力的支撑。再次是中介性，次国家政府是连接国家与跨国公司、非政府组织的中间环节。最后是地方性，地方政府对地方的经济、政治、文化发展负有责任，而区域、次区域恰恰是地方政府实现地方目标的现实平台。[①]

次国家政府在全球环境治理中的作用非常重要。中央政府代表国家所进行的国际环境合作，最终总是要在次国家政府的层面上进行落实；次国家政府直接管辖的城市和大型工业区，也恰恰是环境污染的主要来源；而中央与地方在环境保护、经济发展等方面的利益分歧也必须通过充分发挥地方的能动性加以解决。次国家政府在制定地方环境保护标准、跨国省级环境合作、推动环保产业发展和建立相应的国际经济园区、培育社会层次环境治理主体以及推动区域国别研究方面都存在着巨大潜力。[②]客观地看，没有次国家政府的积极参与，区域环境治理将会非常困难。

政府间国际组织是具有一定程度自主性的全球治理主体。关于其在全球治理事务中的积极作用，如提供议事平台、影响议程设置、进行跨国动员等，已经存在很多研究，本书并不过多着墨于此。政府间国际组织具有的越来越多的超国家性及这种发展趋势，引起了越来越多的思考；这些思考尤其集中于政府间国际组织与主权国家的关系方面。这也恰恰是全球治理理论所关注的重点。毕竟，政府间国际组织作为一种"治理安排"，其目的恰恰在于对以国家为主导的传统国际体系进行修正，而这又往往表现成对国家的行为进行规制。

"由于政府间国际组织是由政府和政府间正式关系构成的国际组织，

---

① 参见陈志敏：《次国家政府与对外事务》，长征出版社，2001，第24—32页。

② Hideo Nakazawa, "Between the Global Environmental Regime and Local Sustainability: A Local Review on the Inclusion, Failure and Reinventing Process of the Environmental Governance," *International Journal of Japanese Sociology*, 2006, Nov. 15, pp. 69-85.

所以它一般被认为是国家主体的一部分，是在国家主体延长线上占据地位并发挥作用和能力……大部分政府间国际组织在本质上是国家利益的代表者……但它又有超越国家利益而追求国际社会共同利益的作用……政府间国际组织已经部分地独立于国家权力，并在逐步地拥有自己的权力。"[①] 从当前全球环境治理的实践来看，以联合国环境规划署、政府间气候变化专门委员会为代表的政府间国际环境组织的运作过程可以广泛地验证上述观点。如政府间气候变化专门委员会作为典型的政府间国际环境组织，由各国科学家组成，独立于各国政府对全球气候变化进行研究，并撰写评估报告。历次政府间气候变化专门委员会评估报告均对全球气候谈判产生了巨大影响，显示出其在该领域独特而重要的权威。但是，从其评估报告中形成的"决策者摘要"，作为整个报告中最为重要的部分，却要经过各国政府"逐行批准"。政府间国际组织在全球治理中的影响，无法摆脱现有威斯特伐利亚体制的限定，但目前的趋势仍然是政府间国际组织已经获得了越来越多的超国家因素，对既有国际体系的修正作用越来越强。

目前，即便是最保守的观点也都倾向于承认，国际非政府组织、跨国社会运动和跨国交往网络已经在全球和地区治理中占据一席地位。[②] 作为一般意义上的"第三部门"，非政府组织的作用无外乎"影响政策"和"规制资本"两大方面。为了能够影响政策，它们游说政府从而影响政策制定，通过其社会网络动员公众，进而向政府施以影响。此外，影响政府间国际组织同样使国际非政府组织获得了影响政策的平台。1992年里约环境与发展大会后，联合国体系内的各个机构普遍与国际非政府组织建立起了合作关系和联系渠道。在规制资本方面，一方面出现了一些专门监督跨国公司的非政府组织，如"公司观察"（Corporate Watch）等，这些非政府组织持续地在人权、环境保护等领域对跨国公司施加压力。另一方面，一些非政府组织致力于改进消费习惯、市场环境，呼吁抵制一些破坏人类基本价值的企业，甚至对其诉诸法律。

---

① 星野昭吉：《全球化时代的世界政治——世界政治的行为主体与结构》，刘小林、梁云祥译，社会科学文献出版社，2004，第199页。

② Evan Schofer, Ann Hironaka, "The Effects of World Society on Environmental Protection Outcomes," *Social Forces*, Vol. 84, No. 1, 2005, Sept., pp. 25-45.

科学机构及其跨国网络是全球环境治理中的另一重要治理主体。环境问题极强的科学性，决定其治理必然高度依赖科学机构的贡献。科学机构及其跨国网络在议程设置、规则制定、环境监测、能力建设等方面都对全球环境治理具有重要作用。一般来看，科学机构首先发现全球性环境问题及其恶化趋势，形成统一的科学意见，之后相应的治理安排才会进入国际社会的议事日程。科学研究提供的环境信息和治理方案，尤其是环境恶化后果、问题成因、经济社会后果、治理成本、责任划分等信息，都会对国际环境谈判的进程和最终订约产生重大影响。科学机构持续研究开发先进适用环保技术，并提供技术培训，这对于全球环境治理的能力建设具有重大意义。

全球治理理论在对现实进行观察的基础上提出，主权国家政府已经不足以承担全球治理——尤其是全球环境治理——的责任。进而，国家已经不足以成为全球治理的唯一中心，应当建立起超国家或非国家中心的治理方式。

企业是一类比较特殊的全球环境治理主体。它既可以成为全球环境问题的加害者，也可以成为全球环境治理的积极参与者和重要治理主体。[1]实际上，在适当的跨国环境法律、政策和市场框架下，企业是完全可以为全球环境治理作出积极贡献的。现实中，为了在更为严格的环境标准中保持获利，企业经常会支持相应的技术研究，并进行技术改造。当前能源企业普遍加大对清洁能源和可再生能源技术开发的投资，便是典型证明。但是，推动企业积极参与全球环境治理的基本条件是，必须存在适当的跨国市场框架——如跨国性法律、政策及诸多环境政策的市场化工具等。[2]如果这些条件并不具备，企业则很有可能成为环境问题加害者并对全球环境治理的努力施加负面影响。

---

[1] See Jennifer Clapp, "Transnational Corporation and Global Environmental Governance," in *Handbook of Global Environmental Politics,* ed. Peter Dauvergne (Northampton MA: Edward Elgar, 2005), pp. 284-298.

[2] See Peter Newell, "The Marketization of Global Environmental Governance: Manifestations and Implications," in *The Crisis of Global Environmental Governance,* ed. Jacob Park, Ken Conca, Matthias Finger (New York: Routledge, 2008), pp. 77-96.

（三）"全球环境治理"的对象与方法

全球治理的对象是全球问题，具体的治理安排则是要改变造成全球问题的特定人类行为或行为模式。在这个意义上，"全球环境治理"的对象应是造成全球环境问题的人类行为或特定行为模式，及对其进行的规制。现实中，造成全球环境问题的人类行为或行为模式非常广泛，涉及社会生活的各层次、各方面。但归纳起来，全球环境治理的具体对象大致有二：一是国家政策，二是市场行为。其通过影响政策和规制市场，使之符合全球环境治理的需要。

而从全球环境治理的概念、特点和参与主体的角度来分析，影响政策的具体方法一是通过各类治理安排赋予诸治理主体以适当的权威，改变国家一家独大的治理权威分配格局；二是实现诸治理主体之间的密切合作，通过赋予超国家、国家和全球民间组织以适当的权威，进而在其互动与合作中，帮助国家建立有利于全球环境治理的政策。规制市场具体的手段则主要是推动建立特定的市场机制，通过市场的力量实现全球环境问题的治理。下文将对这些方法进行具体分析。

国家一家独大的权威分配格局已经是现有全球治理的一个突出特征。在诸如反对恐怖主义、打击跨国犯罪等全球议题中，国家既有意愿也有能力承担主要治理任务。而在诸如气候问题、长程跨界空气污染问题等具有鲜明公共性的全球环境议题中，国家的治理意愿经常显得不足，或至少是与经济、军事利益相比，缺乏对环境问题进行治理的足够利益驱动。这部分是因为威斯特伐利亚体制下的主要国力竞争集中在经济和军事领域，也部分是因为全球环境治理领域深刻的"公地悲剧"特性。现有全球环境治理安排主要以国家间机制为载体、以国家为中心，只能基于国家意愿来修正国家行为。当国家缺乏意愿时，其便显得非常乏力。

理论上看，全球环境治理安排则希望使政府间国际组织拥有更多的超国家要素，并容纳非政府组织、跨国社会运动等要素，形成主体多元化的治理安排，依靠更多关注公共利益的国际组织、民间组织网络等要素平衡国家的自利性冲动。或许这样一种界定更容易将逻辑阐释清晰：目前世界政治中已经出现两种单一类型的规制（Regimes），其一是"国际规制"

（International Regimes），其二是"跨国规制"（Transnational Regimes）。前者强调国家的中心地位，后者则将各种非国家主体纳入其中。现有国际治理安排主要体现为国际规制。而全球治理安排则希望将两者结合起来，①建立起某种新形式的"全球规制"，通过赋予专注于全球环境治理的国际环境组织、国际环境非政府组织、科学机构及其跨国网络等非国家治理主体以适当的权威，使其有能力对国家政策施加影响，进而影响国家政策。

从现实来看，以联合国为中心的政府间国际组织，尤其是其中的政府间国际环境组织，已经具有了越来越多的超国家利益的诉求；非政府组织则相对而言更加关注特定领域的公共利益。现有的治理安排若能将国家与此两者联结在一起，并使之形成合理的权威分配和合作机制，则往往能收到良好的进展；反之则进展缓慢。如"有毒有害物质管控三公约"普遍是由国际环境非政府组织推动，在政府间国际环境组织主导下订立，非政府组织和专业科学家参与运行，由此取得了一定的进展。同时，也由于运行过程中国家主体权威独大，非国家主体参与往往仅限于各类信息提供，其无力平衡国家自利性冲动和市场逐利冲动，因而治理效果事倍功半。

全球市场是全球环境治理的重要环节。自现代市场经济体制确立以来，市场的力量已经是人类社会的基础性力量之一。在适当的市场框架支持下，最重要的市场主体——企业与消费者有可能积极参与全球环境治理，以较低的经济成本实现治理目标。②全球问题的治理要求跨国合作，跨国公司和其他与国际合作相关的企业因之成为全球治理中具有重要影响力的市场主体。在实践中，作为一种本质上逐利的主体，企业不会主动付出治理成本，除非这种成本的付出被认为是有益于其利润的。使企业参与治理安排并使之从中获利，需要建立起适当的市场机制。这在环境治理领域表现得尤其明显。清洁发展机制出现的针对二氧化碳减排的反向激励现象、全球性废物越境贸易的管制、海洋生物资源过度捕捞等问题，均与缺

---

① 参见奥兰·杨：《全球治理：迈向一种分权世界秩序的理论》，载俞可平主编，张胜军副主编《全球化：全球治理》，社会科学文献出版社，2003，第77页。

② See Kishan Khoday, "Mobilizing Market Forces to Combat Global Environmental Change: Lessons from UN-Private Sector Partnerships in China," *Review of European Community and International Environmental Law*, 16 (2) 2007, pp. 173-184.

乏适当市场机制激励企业有效参与治理有着密切关系。而在适当的市场机制下，企业的积极参与可以为治理安排提供就业、资本和市场需求，也为政治决策和能力建设提供市场驱动。[1] 客观来看，企业一直是全球环境治理要去疏导和管控的对象。

如何为企业提供适当的市场框架，使之可以在参与全球环境治理安排中谋利，一直是一个重要的理论难题。片面强调通过法律、法规限定企业行为，最终很难抵挡市场的逐利冲动。在典型的全球环境问题领域中，"企业，无论是国内企业还是跨国企业，可能会对人类健康和环境造成负面影响，而且这种负面影响经常会超出国家的边界，这已经是非常明显的事情。当这种情形出现的时候，其适用于国际环境法的范式——这类国际法格外关注健康和环境方面的跨界影响以及有害物质的越境转移……但是，国际环境法一直受到限制，以确保提高企业的利润并保护企业权利，而企业却不需要承担相应的责任和义务"。[2] 显然，这是市场力量对国际环境法的扭曲。纵观各个全球环境问题领域的条约缔约进程，都可以发现各种力量针对如何建立具体市场机制的激烈博弈。

二、全球环境治理的结构理论及分析

当某种社会安排中牵涉到多种主体，并意在实现多层次、跨部门合作时，其结构和过程的优化便显得格外重要。本章下文将就此对全球治理理论进行更为深入的分析。以之更为细致地说明现有全球环境治理理论在结构与过程方面的理论内涵和论证逻辑，并分析现有全球环境治理文献在这两方面的不足之处，为第三、第四和第五章在应然和实然两个角度，说明现有全球环境治理安排在结构与过程方面的不足提供基础性的理论框架。本书将在此基础上进行进一步的推论，建构本书的解释方案。本部分将分

---

① 具体的例子可以在全球碳市场等治理安排中发现。

② Jonas Ebbesson, "Transboundary Corporate Responsibility in Environmental Matters: Fragments and Foundations for a Future Framework," in *Multilevel Governance of Global Environmental Change: Perspectives from Science, Sociology and the Law,* ed. Gerd Winter (Cambridge University Press, 2006), p. 155.

析全球环境治理理论视域下的"结构"问题，并指出现有理论阐释的不足之处。

（一）全球环境治理结构的内涵

全球治理学者对于"全球治理的结构"（Structure of Global Governance）的概念进行过很多深入的讨论，给出的定义可谓不计其数。作为一个充满争论的理论群落，具有代表性的全球治理理论观点大致可以概括为以下五种：第一，罗西瑙的全球治理理论原型。罗西瑙强调"没有政府的治理"，但实际上是从绝对的国家中心主义走向了相对的国家中心主义。第二，奥兰·扬为代表的新自由主义国际机制所涉及的全球治理理论。这种观点在现代国际关系体制的现状基础上强调国家间机制的作用。第三，以国际知名政治家、外交官组成的"全球治理委员会"为代表的规范性全球治理理论，其认为国家与非国家行为体应当共享治理权威。第四，以斯蒂芬·克拉斯纳为代表的现实主义全球治理理论观点。这类观点代表了现实主义对全球治理理论的反驳，强调国家主权没有太多变化，非国家主体在全球治理中的作用有限。第五，全球治理理论观点强调民间组织层次中的各类非国家治理主体的重要作用。[1] 尽管纷繁复杂，但简洁来看，这些不同理论观点的区别，本质上在于国家与非国家治理主体在世界政治舞台上的地位如何，也即国家与非国家治理主体之间的关系问题。

不同类型的全球治理理论观点对于"全球治理的结构"的看法，其分歧则在于不同类型的国家与非国家治理主体的相互关系，及其所结成的治理形式的不同。因此，有学者这样归纳这些关于"全球治理的结构"的定义："'结构'是指全球治理的形式，即作为名词的全球治理——控制、统治（Government）、管理、问题解决方案（Solutions to a Problem）、规范和社会安排（Social Arrangement）。"[2] 这是一个颇有影响力的定义，得到了很多文献的引证。究其原因，应当是在于尽管这个定义没有明确揭示"结

---

[1] 参见星野昭吉：《全球治理的结构与向度》，《南开学报（哲学社会科学版）》2011年第3期。

[2] Matthew J. Hoffmann, Alice D. Ba, "Introduction," in *Contending Perspectives on Global Governance: Coherence, Contestation and World Order*, ed. Alice D. Ba, Matthew J. Hoffmann (New York: Routledge, 2005), p. 8.

构"的本质，却异常准确地描述出了各种全球治理结构的类型。实际上，控制、统治、管理、规范、社会安排这些所谓"全球治理的形式"，也即结构，无外乎反映了某种权威—权力分配图景。显然，"统治"描述的是一种以公共权力为中心的自上而下式等级权力分配图景；而"社会安排"则倾向于一种多元化并且相对平等的权力分配模式。换言之，"全球环境治理的结构"虽然在浅表层次上表现为"治理的形式"，但就其内容而言，则是指"国家与非国家公共权力之间的相互关系，即国家与非国家的公共权力之间的权限问题"。[①]

这个定义相对而言揭示出了"治理结构"的本质，却在无意间出现了一个疏漏：治理强调权威，而不是权力；治理需要权力，但同样需要没有强制力却拥有相当权威的非国家主体。在传统的政治学、国际关系学语境中，是不存在国家与非国家主体之间的"权力分配"问题的。威斯特伐利亚体制最重要的支柱便是主权原则，非国家行为体在具有"最高性"的主权面前，是没有太多权力的；真正有意义的只有国家之间的权力分配问题。并且，如果将权力定义为意志的强加能力，那么即便是在全球治理的论域中，非国家治理主体也并没有太多的强制执行能力。因而，在全球环境治理中，国家与非国家治理主体之间权威分配（而不是权力分配）问题，构成了全球环境治理结构的重要理论内涵之一。

因此，综合学界现有的研究，本书将"全球环境治理的结构"的第一个方面定义为国家与非国家治理主体之间的相互关系，即国家与非国家治理主体之间的权威分配问题。同时，本书将全球化时代国家参与全球环境治理时所发生的变化，尤其是其对自身组织机构的调整，与权威分配问题并列起来，作为全球环境治理结构的第二个方面，后文将对此详细论证。

那么，究竟什么是"权威"？汉娜·阿伦特的解释是，"如果要给权威下一个完整的定义，那么就必须使其既区别于依靠武力的压服，又区别于运用争论的说服"。[②] 阿伦特的这个描述揭示出，与权力、说服等方式一

---

①　王金良：《全球治理：结构与过程》，《太平洋学报》2011年第4期。

②　Arendt H., "What Is Authority?" in *Between Past and Future* (Cleveland and New York: Viking, 1968). 转自戴维·米勒，韦农·波格丹诺主编《布莱克维尔政治学百科全书》，中国问题研究所，南亚发展研究中心，中国农村发展信托投资公司组织翻译，中国政法大学出版社，1992，第45页。

样，权威也表达出了意见的发出者（发声者）与意见的接受者（听众）之间的某种关系；并且，这个关系既不是强制的，也不是说服的，而是处于这两者之间的。因此，有学者这样界定权威："只有在听众承认他们并不是依赖于某个意见得以成立的理由，但却是因为这些意见出自特定的说话者——这个说话者因其被公认的特性而区别于常人——而接受和认可这些意见的时候，这些说话者及意见便被认为是有权威的。"[1] 由此来看，权威这个概念包括了意见的发出者、意见、受众和反应这四个要素。这个概念的合理性在于，其对"权威所代表的说话者"和听众之间的关系进行了准确的界定。

既然本书将"全球环境治理的结构"的第一个方面界定为"国家与非国家治理主体之间的相互关系，即国家与非国家治理主体之间的权威分配问题"，那就必须要回答一个问题：权威本身是可分的吗？或者说，国家与非国家治理主体之间，可以实现权威的分配吗？答案无疑是肯定的。理论上，一个治理安排往往要包括多种要素，如知识支持、信息获取、政策执行、监督机制、资金获取等。当这些要素并不是以"集成"的方式出现，而是其来源表现为多元化主体的时候，权威自然是分散而非集中的。现实中，伴随着全球化时代中多元国际行为体的出现，"政治权威与政治管理出现多元化趋向……非国家行为体日益参与、介入公共事务的管理，与政府分享权力与权威……多元主体间显现出平等、协商性、合作性的关系"。[2] 实际上，全球治理这个短语本身便代表了一种权威分配多元化的结构图景。

（二）全球环境治理的结构的影响

既然诸全球治理主体之间存在着权威的分配，那么这种分配就会形成一定的格局，即特定的结构。治理安排能否有效解决相应的问题，在很大

---

① 转自戴维·米勒，韦农·波格丹诺主编《布莱克维尔政治学百科全书》，中国问题研究所，南亚发展研究中心，中国农村发展信托投资公司组织翻译，中国政法大学出版社，1992，第45页。

② 蔡拓：《从国家政治到非国家政治——对政治走向的一种理论思考》，载蔡拓：《全球化与政治的转型》，北京大学出版社，2007。

程度上是受到其结构的影响的。可以认为，诸治理主体之间的权威分布状态，即结构概念的第一个方面，是一个治理安排的根本特性；结构影响着全球治理安排能否最终发挥其所声称的效用，这在全球环境治理中表现得尤其明显。这种影响体现在三个方面。

首先，全球环境治理的结构特征决定了一个治理安排能否真正超越"国家间机制"的范式，从而弥补其造成的治理鸿沟。如前述，"全球环境治理"存在于威斯特伐利亚体制下的国家间机制无力解决的全球环境问题之中，是为了弥补其治理鸿沟而存在的，这便需要引入非国家治理主体的力量。而非国家治理主体在全球治理中的价值在于弥补国家的不足，这便要求非国家治理主体必须是独立的，而不能是国家政策的延伸执行者。在全球治理安排中，它们应当与国家共享治理权威，得到充分的授权。全球治理理论文献中，经常使用"新中世纪主义"来描述这种权威分布状态。①在全球治理的问题领域中，非国家主体享有越高的权威，往往意味着它们对于国家间机制的补偿能力越强，这种治理安排便拥有越好的效能——在环境领域尤其如此。本书随后将进行充分的证明。

其次，全球环境治理的结构特征对于一个治理安排中诸治理主体间能否形成有效、顺畅的合作，具有重要影响。全球治理要求国家与非国家治理主体间形成充分的合作，并且这种合作不仅发生在超国家、国家和民间组织三个层次各自内部，还经常要求跨层次、跨部门的合作互动。治理安排的基本功能便是帮助国家和各类非国家治理主体之间建立起合作机制。

合作在本质上是一种"不同主体调整自身行为，使其符合对方利益的行为"。在全球治理的语境下，这意味着国家与非国家主体之间的关系应当是平等的，而不能是从属的。因为，合作只能存在于相互独立的若干主体中。在环境问题领域中，国家在本质上缺乏与非国家治理主体进行充分合作的意愿，而更愿意在环境保护事务中受到更少的限制——这是由威斯特伐利亚体制中国家对经济和军事利益的高度政策偏好决定的。在这个背景下，如果非国家环境治理主体不能拥有充分的治理权威，则国家片面追

---

① See Barry B. Hughes, *Continuity and Change in World Politics: The Clash of Perspective* (New York: Prentice-Hall, 1991), pp. 48-81.

求个体利益而非集体利益、经济军事利益而非环境利益的巨大冲动是很难得到平衡的，也更谈不上主动与非国家环境治理主体进行合作。在这个意义上，在治理安排中，非国家主体须拥有独立的权威，且这种权威应当足够对国家的政策形成影响。否则，任何治理安排中都很难拥有能促使国家调整其行为的激励机制，合作也不易出现。

最后，全球环境治理的结构特征对于一个治理安排所能产生的政策具有重要影响。这与一定的科层结构对一个组织所能作出的决策有重要影响类似。由以上论述不难看出，一个治理安排中，只有非国家主体与国家之间形成相互独立、平等的权威分配结构，才有可能在决策过程中形成充分的意见和利益表达，进而形成兼顾各治理主体意见的治理决策。反之，在国家独大的权威分配模式中，非国家治理主体的意见很难得到充分表达，相关的治理安排便体现为国际治理，其形成的具体治理决策也只能体现为国家利益的妥协。

（三）对全球环境治理的结构理论的分析

全球治理理论描绘了一幅"由多元主体构成的跨层次、跨部门合作治理"的理想图景。全球治理理论对于依靠相互独立、共享权威的多元治理主体实现合作性博弈，以实现对全球性问题的有效治理这一假定似乎持有坚定的信心。应当看到，这种信心有着合理的一面。通过多种具有独立地位并拥有一定权威的非国家治理主体来影响国家政策、规制市场行为、平衡国家的自利性冲动，这无疑是在国家间机制不足以解决问题时的合理选项。在这个意义上，将各类全球环境治理主体间的权威分配，作为全球环境治理结构的一个方面，是具有重要意义的。但是，全球治理理论在对"结构"问题进行阐述时，也出现了一些不能忽视的疏漏。

其一，也是最重要的问题是，全球环境治理理论对于国家组织机构内部为应对全球环境问题而作出的改变，没有进行充分研究和阐释。尽管全球治理理论一直在强调国家已经发生变化，提出并论证其公共权力已经开始不断地向上流转给国际组织、向下流转给民间组织，[①]"全球国家"等概念也被广泛地应用，[②]但这些变化都是在描述全球化时代国家总体性转型的愿景，甚至在一定程度上可以被认为是国家的被动变化。实际上，全球治理理论一旦走向极端，其对于现有威斯特伐利亚体制及其孕育的国际治理，在本质上是持否定态度的。这就像全球化在本质上是对既有离散性的主权国家体系的否定一样。由于这种否定，尽管多数全球治理文献肯定国家依然是重要的治理主体，但不约而同地都在强调其他治理主体的迅速发展。全球治理文献实际上对威斯特伐利亚体制和主权国家进行了解构性的分析。

由此，不难看出全球环境治理理论的一个发展困境：一方面，对主权国家及主权国家国际体系在本质上持有批评态度；另一方面，又不得不承认国家依然是重要的治理主体。对国家间机制的本质上的批评态度使得在全球环境治理理论的叙述逻辑中，很难真正关注国家的公共权力组织机构为应对全球问题、参与全球治理而（应该或实际）作出的调整，而仅仅强调国家未来转型的愿景和非国家主体的作用，很难想象这种方式可以真正应对全球问题。

从理论层面看，结构主义大师肯尼思·沃尔兹在界定"结构"概念时，实际上是引入了三个要素：排序的原则、单位的特性、能力的分配。并且，因国家间主权的平等性而排除了排序的原则，又因国家都是同类的单元而排除了单位的特性，使最终决定结构特征的，是能力的分配。[③]全球治理理论中对"全球治理的结构"的界定，显然是受到了沃尔兹的影响。但是，沃尔兹的结构概念中，是为"单位的特性"留出了空间的。全球化时代参

① 多数全球治理理论文献并没有走向"国家终结"这一极端观点，只是强调国家主权在全球化时代受到了一定的侵蚀和限制，发生了权力的流转。

② 一大批全球治理理论文献强调了这些概念，如星野昭吉的著作《全球化时代的世界政治——世界政治的行为主体与结构》用大量篇幅论述了主权国家与公民国家的联系和区别；Martin Shaw 发表于1997年的颇有影响的文章 "The State of Globalization: Towards a Theory of State Transformation" 则论述了全球国家的理论框架。参见星野昭吉：《全球化时代的世界政治——世界政治的行为主体与结构》，刘小林、梁运祥译，社会科学文献出版社，2004；Matin Shaw, "The State of Globalization: Towards a Theory of State Transformation," *Review of International Political Economy* 4 (3), Aut. 1997, pp. 497-513.

③ 参见肯尼思·沃尔兹：《国际政治理论》，上海世纪出版集团，2003，第118—132页。

与全球治理的主权国家，自身特性并不是稳恒的。在全球治理的理论叙述中，应当为国家自身特性的变化留出适当的空间。

从现实层面看，作为全球治理中最重要的主体，国家为了应对全球问题，正在进行深刻的调整。一个显著的经验事实是，国家在参与全球治理时，已经越来越多地表现出了自身的多层次性。中央政府、中央政府各部门、次国家政府都已经逐步地参与到全球治理事务中来。此类情形对于全球治理实务的影响，也应当得到充分的考虑。全球治理理论对于国家在应对全球问题时对自身作出的调整的理论缺失，是其对治理结构阐述的一个重大问题。因此，本研究将国家参与全球环境治理时发生的变化，作为全球环境治理结构的一个重要因素，与权威分配这一要素并列起来。并以这两个要素作为分析现有全球环境治理安排结构的两个变量，以分析其在结构方面的缺陷。

其二，全球治理理论对于非国家主体的权威来源和性质阐释得不够充分。需要明确的是，非国家治理主体的权威，既不是先验的，也不是不可动摇的。超国家层面的政府间国际组织、国际制度等需要国家适当授权才能拥有一定的权威；（跨国或国内）的非政府组织、社会精英（包括知识精英和经济精英）的权威得到认可也是有条件的，需要（跨国或国内）民间组织充分发育，国家与社会的边界得到适当划分。这一切，都离不开国家与市场、国家与社会、超国家与国家要素之间确立适当关系，需要国家重新定义自己的权威。而全球治理文献在此方面的阐述显得相对不足。

通过以上分析可以发现，全球环境治理的结构实际上应当包括两方面的要素：一是各类全球环境治理主体之间的权威分配，二是各类主体参与全球环境治理事务时发生的变化——尤其是国家发生的变化。本书的研究将这两个要素作为全球环境治理结构的构成部分。本书后面对于全球环境治理在结构方面的缺陷的分析阐释，将会在全球治理理论的基础上，着墨于这两方面。

三、全球环境治理的过程理论及分析

全球治理的过程，是与全球治理的结构并列的要件，与结构共同影响着一个治理安排能否有效治理其关注的问题。本部分将对全球环境治理的过程理论进行梳理，并对其进行批判的继承，为后文对全球环境治理的过程进行分析提供前提性的理论基础。

（一）全球环境治理过程的内涵

相对于"全球治理的结构"，"全球治理的过程"在其基本概念内涵方面显得不那么有争议。比较一致的看法是，"过程（Process）描述的是'全球治理是如何实现的'，即作为动词的全球治理"。① 由于全球治理在结构上包括了国家和非国家治理主体，因而在过程，即治理如何达成方面必然强调各类治理主体之间的互动。因而，对某一全球问题实现治理的过程，总是需要参与治理体系的诸多主要行为体进行充分、顺畅的互动；在运行良好的治理安排中，这种互动通常表现为顺畅的合作和合作性博弈。如此，在全球治理文献的语境中，过程是一个描述性的概念。其核心是诸治理主体是"怎么互动"，从而达成共同行动，针对某一问题形成治理的。在这个意义上，治理的过程总是表现为诸治理主体共同遵循的某种正式或非正式程序、规则、规范以及制度。归纳来看，全球治理理论中的"全球环境治理的过程"，是指参与某一特定环境问题治理的诸治理主体，在一定的治理安排框架内进行互动与合作，实现对该问题的有效治理的方式。

需要说明的是，很多著名全球治理学者提出了自己关于"过程"的概念。如詹姆斯·罗西瑙提出了"分合并存"的过程图景（Fragmegration），且被广泛地引证。但其概念实际上是对全球化和全球治理背景下世界政治发展的描述。② 而奥兰·扬则认为治理的过程描述的是"机制形成和追寻效

---

① Matthew J. Hoffmann, Alice D. Ba, "Introduction," in *Contending Perspectives on Global Governance: Coherence, Contestation and World Order*, ed. Alice D. Ba, Matthew J. Hoffmann (New York: Routledge, 2005), p. 8.

② See James N. Rosenau, "Global Governance as Disaggregated Complexity," in *Contending Perspectives on Global Governance: Coherence, Contestation and World Order*, ed. Alice D. Ba, Matthew J. Hoffmann (New York: Routledge, 2005), p. 135.

率"的方式；① 这一界定与奥兰·扬将机制认定为治理的渊源有关。② 而本书中的过程概念，则严格地限定为"治理的过程"，即治理是如何实现的。现有文献中对这个意义上的"过程"的研究不算丰富。

全球治理的过程是在一定的结构中实现的，厘清全球治理结构与过程两个概念之间的关系，对于理解"过程"具有非常重要的意义。诸治理主体之间会采取何种方式进行互动，直接受制于其权威分配图景。

在国家依然是唯一重要的治理主体、结构方面依然保持了国家一家独大地位的治理安排中，诸治理主体的互动往往呈现自上而下的单向模式。如东北亚地区的环境治理中，国家的权威呈现一家独大的地位，而其他治理主体如科学机构、非政府组织缺乏独立的权威。在这种情况下，治理主体之间的互动关系往往表现为其他主体对国家的依附，呈现自上而下的过程。在类似的全球治理安排中，"发展出一种可行的全球问题的解决方案的努力，依然受制于关于权威性质的传统语境……非政府组织和民间组织的权威依然是口头说说而已，它们实际上参与互动的动力和能力非常有限——国家依然被认定为最主要的行为体"。③

反之，如果某个治理安排形成了多元化的权威分配结构，在过程层面则可能出现不同层次间多向互动的模式；国家与超国家层次和社会层次中的非国家治理主体通过合作互动的过程，实现对特定问题的治理。"有效的全球治理基于多元主体共同行使基本的治理功能"。④ 不同治理主体在行使这些功能方面具有不同的优势，这便是权威的来源之一。而多元化的治理结构将会使得治理过程中的主体间互动更加充分；这将使得一个治理安排

---

① Oran R. Young, "Regime Theory and the Quest for Global Governance," in *Contending Perspectives on Global Governance: Coherence, Contestation and World Order*, ed. Alice D. Ba, Matthew J. Hoffmann (New York: Routledge, 2005), p. 92.

② 奥兰·扬所论述的机制（Regime），也被翻译为"规制"。在其语境中，机制不仅包括国际机制，也包括跨国机制。总的来看，奥兰·扬对非国家主体参与到跨国机制中，形成一种多元化的治理结构，是非常赞赏的。参见奥兰·扬：《全球治理：迈向一种分权世界秩序的理论》，载俞可平主编，张胜军副主编《全球化：全球治理》，社会科学文献出版社，2003，第74—92页。

③ James N. Rosenau, "Global Governance as Disaggregated Complexity," in *Contending Perspectives on Global Governance: Coherence, Contestation and World Order*, ed. Alice D. Ba, Matthew J. Hoffmann (New York: Routledge, 2005), p. 133.

④ Peter M. Haas, "Addressing the Global Governance Deficit," *Global Environmental Politics* 4 (4), Nov. 2004, pp. 1-15.

能够更加充分地体现各个治理主体的诉求。在全球环境治理理论层面，这是一种得到广泛认可的治理过程图景。"变革现有全球环境治理的最有效途径是实现多中心的治理原则。这需要对政府、非政府组织、私人部门、科学网络、国际制度等行为体进行治理分工；进而就需要它们发挥各自的比较优势，进行充分的互动合作。"① 全球环境治理对多元化治理主体的需要，决定了此种多层次、多元化的互动将会是理想全球环境治理过程的必要要素。

（二）全球环境治理过程的类型及分析

由于治理的过程受到其结构的深刻限定，因而，对过程的分类往往是基于其体现的结构来进行的。换言之，治理过程的分类总是体现出治理结构方面哪个治理主体居于主导地位。如詹姆斯·罗西瑙以权力流向是单向（水平或竖直）还是多向（水平和竖直）以及治理规则是正式的、非正式的还是混合的为标准，将治理划分成了六个类型。罗西瑙的这六个类型分别是自上而下型、自下而上型、市场型、网络型、并行型、默比乌斯网络型。② 从逻辑上看，这里所说的"权力流向"问题，实际上是在描述一种权威分配的方式；他以此为基础，再依据治理规则的正式程度对治理进行了划分。罗西瑙的这种划分方式非常清楚地体现出了权威分配结构对于过程的影响。再如马蒂亚斯·科尼格—阿尔基布吉以治理安排的包容性、公共性和授权性为分析框架，区分了全球政府间主义、全球超国家主义、直接霸权、直接的全球跨国家主义、授权的全球跨国家主义、直接垄断、间接垄断七种治理安排类型。而其所论述的包容性、公共性、代表性实际上包括了参与治理的主体、主体间的"权重"分配等结构要素。③ 治理结构对于

---

① Peter M. Haas, "Addressing the Global Governance Deficit," *Global Environmental Politics* 4 (4), Nov. 2004, pp. 1-15.

② 参见詹姆斯·罗西瑙：《全球新秩序中的治理》，载戴维·赫尔德、安东尼·麦克格鲁主编《治理全球化：权力、权威与全球治理》，曹荣湘、龙虎等译，社会科学文献出版社，2004，第87页。

③ 参见马蒂亚斯·科尼格—阿尔基布吉：《绘制全球治理》，载戴维·赫尔德、安东尼·麦克格鲁主编《治理全球化：权力、权威与全球治理》，曹荣湘、龙虎等译，社会科学文献出版社，2004，第43页。

治理过程类型的影响同样受到了充分的认可。

遵照这样的思考，在逻辑上可以出现三种类型的全球环境治理过程：第一，国家权威独大，非国家治理主体从属于国家权威的情形，过程表现为单纯国家间机制的达成，本质上是国际环境治理；第二，非国家治理主体权威明显，积极推动治理进程，对国家形成鲜明的敦促、监督作用，过程表现为各类治理主体共同参与的跨国行为的达成，也体现为压力集团对国家的影响；第三，国家与非国家治理主体共享治理权威，过程表现为各类治理主体充分互动，达成包括国家间机制、跨国机制在内的多层、跨部门治理安排，形成了真正符合"全球治理"范式要求的"全球环境治理"。这三种全球环境治理过程类型又各有其特点。

以国家间机制为主要载体的国际环境治理，在治理过程上体现为国家间机制的达成和履行。这种治理过程通常是自上而下的，通过达成一定的国际环境条约并推动国家履约，进而实现国内环境立法和环境政策方面的进步。但如上文曾强调过的那样，国家间机制是国家主权的延伸，必然首先服从主权国家的利益，且任何主权国家有权对其进行保留甚至否决，因而国家间机制经常需要寻找各国共同利益的交集，从而限制了其作用的发挥。换言之，国家一家独大的治理权威分配结构，在本质上依然是威斯特伐利亚体制的表现形式，无法超越新形式的全球性问题。"从某种程度上说，多边主义是一种兼具代表性和责任性的全球治理类型。国家间机构具有代表性，因为其管理机构（尽管不平等地）代表了所有成员国政府。它们是负责任的，因为这些类似机构使得政府可以控制预算、权力和活动。然而，当今世界的多边主义面临两个问题。首先，并非所有的政府都承认能够通过国家间机构最佳地实现其利益……同样重要的是，大多数公众对他们在政府间机构中得到代表的说法并不买账……多边机构日渐被指责缺乏民主、不够内行或效率不高。由于这些原因，我们看到卷入全球环境治理的所有实体正转而求助于其他形式。"[①]

---

① 参见恩盖尔·伍兹：《全球治理与制度角色》，载戴维·赫尔德、安东尼·麦克格鲁主编《治理全球化：权力、权威与全球治理》，曹荣湘、龙虎译，社会科学文献出版社，2004，第10—12页。

超国家层次的政府间国际组织和社会层次中的非政府组织、跨国企业、社会精英（包括政治、经济和知识精英）可以构成压力集团，甚至结成一定的跨国机制（Transnational Regimes），形成跨国民间组织，以此构成以跨国行为为标志的治理过程。这种治理过程更多是自下而上的。跨国机制作为连接这些压力集团的纽带，本身便是一类重要的治理安排。本书第一章曾提及的"世界自然保护联盟""世界水理事会"便是这类机制的典型实例。而最显著的实例则是1992年联合国环境与发展大会召开期间，2000多个国际非政府组织对参会代表进行了大量游说，其中一些非政府组织被赋予代表身份直接参会。可以看到，非国家主体间的跨国机制和跨国行为可以构成治理达成的方式，但其真正落实仍必然依赖国家。单纯依靠非国家行为体结成跨国机制、跨国民间组织，对于全球问题的治理终究有乏力之感。

多层、跨部门治理安排是相对理想的一种治理过程。这种过程类型允许非国家主体充分参与，国家与之共享治理权威，诸治理主体之间也可以存在充分的互动。在这种过程中，并不存在一种至高的权威，权威的多元性得到突显。此类治理过程突显了"治理"概念的包容性，诸治理主体都被纳入其中，形成非常复杂的跨层次、跨部门治理网络。现实中，现有全球环境治理安排也已经初步显现出了多种治理主体在不同层次中的网络化互动。

上述三种全球环境治理过程类型的划分，是以不同全球环境治理结构为依据的。这种分析方式虽然体现出了结构方面的特征，但却缺乏动态性，无法很好地阐释全球环境治理究竟是如何实现的，也没有细致地分析全球环境治理的过程究竟存在哪些环节，以及这些环节之间的关系如何。但是，若要深入分析现有全球环境治理在过程方面存在的问题，则必须明确全球环境治理的过程包括哪些环节，进而深入分析各环节之间的互动过程中存在的问题和缺陷。这也是分析现有全球环境治理安排的过程缺陷所必需的研究路径。

本章在梳理全球环境治理理论的基础上，比较系统地阐释了全球环境治理的结构与过程理论，并对其进行了分析。后文中，本书将以第一章所述的经验事实和本章所论及的理论框架为基础，构建起全球环境治理的结构与过程理论框架，并以之回答导论中提出的"为何现有全球环境治理安排未能充分有效治理全球环境问题?"这一研究课题。

第三章　全球环境治理的结构缺陷
及其影响

本章将深入解析全球环境治理应然和实然两方面的结构问题。全球环境治理的理想权威分配模式和现实情形之间的差异，以及理想国家跨国转型与现实情形之间的差异，可以帮助我们理解现有全球环境治理安排结构方面的缺陷，也即在全球环境治理的结构方面，阐释"为何全球环境治理安排未能有效治理环境问题？"这一困惑。本书的观点是，结构方面的两点缺陷，即权威分配失衡与国家跨国转型不完善，是全球环境治理未能充分有效应对环境恶化的前两个原因。

本章第一部分将在理论层面上分析全球环境治理的理想结构模式，分析理想权威分配模式和完善的国家"跨国转型"对治理安排有效性的影响。第二部分将深入研究各类全球环境治理主体间权威分配缺陷的负面影响。第三部分则系统阐释全球环境治理中国家"跨国转型"不完善的负面影响。

一、全球环境治理的理想结构模式

本部分将建立起本书对于全球环境治理的理想结构的理解，并以之作为分析框架，解释结构缺陷对于全球环境治理的影响。本部分的主要内容仍然是理论阐释性质的，首先分析全球环境治理结构的构成要素，并对其分别进行解析，最终进行总结，提出本书关于全球环境治理理想结构的假定。

（一）全球环境治理结构的构成要素

全球治理理论首先将诸治理主体之间的权威分配界定为治理的结构，

认为这是识别一个治理安排的性质的标志性因素。将这一认识放到全球环境治理理论与实务中，参与环境治理的主体之间的权威分配情形便是"全球环境治理的结构"的第一个构成要素。

全球环境治理的理想权威分配模式，格外强调多元化的治理主体共享治理权威。这是因为，与经济、金融、恐怖主义、跨国犯罪等其他全球性问题相比，环境问题的治理有着非常特殊的性质。在诸如全球性经济、贸易、金融、跨国犯罪、恐怖主义等全球议题中，国家总是有着很强的政策偏好（意愿），并且有着很强的能力。国家即便在某些领域显得能力匮乏，也会由于存在着很强的政策偏好，愿意与其他治理主体进行合作并共享权威，从而实现治理。而全球环境议题中，国家却不具备太强的政策偏好，以至于传统国家间多边机制在这一领域受到了巨大限制。

在这里，有必要引入公共物品及其分类概念，以帮助本书更好地分析全球环境治理对于多元化的权威分配的特殊需要。"全球公共问题或国际社会的整体利益，从国际政治经济学的角度看，可以被视为一种国际的公共物品（International Public Goods）。而作为一种公共物品，全球公共问题或国际社会整体利益就无法回避因为'搭便车'和外部性原因而产生的供应和维护问题。"[①] "搭便车"问题则一直是公共产品供给中必须突破的破坏性因素。当市场无法供给某种公共产品的时候，中央集权机构一般会起到主要的作用——公共权力通常可以在国内政治经济生活中以公共强制力解决"搭便车"问题。在国际政治无政府状态中，由于中央集权机构的缺位，国际社会倾向于建立一定的政府间国际条约，通过一定的机制解决搭便车问题。例如，世界贸易组织及其前身关贸总协定，便是通过国家间机制克服搭便车问题，实现集体行动的例证。那么，为什么全球环境治理未能通过多边国家间机制得到很好的实现，而一定要依靠多元化的治理权威呢？回答该问题需要进一步深入观察其作为一种国际公共物品的性质。

巴里·休斯运用"对抗性、非对抗性"和"排他性、非排他性"这两

---

① 苏长和：《全球公共问题与国际合作：一种制度的分析》，上海人民出版社，2009，第86页。

组概念对于公共物品的分类对于继续本书的分析颇有助益。[①] 所谓对抗性，是指一个单位的某种物品，只能被一个个体享用或消费，当出现两个或以上的个体要求共同享有或消费这类物品时，有关这种物品的使用或消费就会发生零和的竞争和对抗状态。反之非对抗性则指一个单位的某类物品，它可以同时被多个个体来享用和消费，主体之间围绕这类物品的消费和使用处于"我得你也得"的正和博弈状况，不会存在"我得即彼失"的零和博弈现象。所谓排他性，是指一种物品只能被特定的个人或一个有限的团体来消费。非排他性则指这样一种物品，当它被某个个体消费和使用的同时，它也不能拒绝或排斥其他个体来消费和使用它。[②]

由此来分析，如大气、海洋环境、生态资源等典型的全球性环境资源均具有非排他性和对抗性。以温室气体排放为例，任何国家都不具有单方面限制其他国家排放的权力，"排放空间"并不因为一个国家的排放而对其他国家关闭；海洋倾倒、全球性生态资源的过度开发、大气等全球环境资源大都有此特点，表现出了较强的非排他性。但是，近年来，国际社会针对气候变暖问题的一轮轮异常艰难的谈判、东北亚国家间不断发生的渔业纠纷都显现出了全球环境资源的对抗性。

全球性环境资源的非排他性特点为"搭便车"行为提供了非常强大的激励，对抗性特点则导致国家间的深刻不信任。这决定了国家在提供全球环境治理这种公共产品方面意愿不足。尽管通过博弈的多次反复进行，搭便车和欺骗行为的冲动会大大减弱，但这在逻辑上并不增强个体国家参与提供这类公共产品的意愿。并且，由于多次博弈降低了个体国家进行欺骗的可能，国家间机制的达成就会变得更为困难：履约的必要性增加了，缔约的难度就可能随之上升。而由国家作为最主要主体的国家间机制，只能是国家意愿的体现，而无法在本质上对其进行超越。这也是国际环境条约一直在寻找最小公约数的原因。国家在本质上缺乏提供全球环境治理这一

[①] See Barry B. Hughes, *Continuity and Change in World Politics: The Clash of Perspective* (New York: Prentice-Hall, 1991), pp. 251-255. 也可见苏长和：《全球公共问题与国际合作：一种制度的分析》，上海人民出版社，2009，第88页。本书对于国际公共物品分类的阐述，参考了上述研究。

[②] 关于对抗性、非对抗性、排他性、非排他性四个概念的阐释，转引自苏长和：《全球公共问题与国际合作：一种制度的分析》，上海人民出版社，2009，第87页。

公共产品的意愿，而国家间机制又无法有效提供激励时，便需要其他治理主体来弥补这一缺陷。这便要求有多元化的治理权威，以补偿国家在意愿方面的匮乏。

此外，与其他全球议题形成鲜明对比的是，全球环境问题固有的高度复杂性和综合性，这些特性也使得国家和国家间机制在应对这一问题时经常显得能力不足。政府终究是有限的；作为一种组织，政府决策也是存在理性限度的。其他治理主体如跨国科学网络、国际非政府组织等的参与，也是对国家应对全球环境问题的能力补偿。[①] 这也要求有多元化的治理权威。

"全球环境治理的结构"的第二个构成要素，是作为治理主体的国家（State）本身在参与全球治理时自身组织机构的调整，这种调整既是自发的，也是自觉的。一些全球环境政治学者将这种变化概括为"跨政府网络"（Transgovernmental Networks）的出现；并用这样一个术语区别现有的"政府间网络、机制"（Intergovernmental Networks/Regimes）。"跨政府网络是指联结了管理人员（Regulators）、立法人员、若干部长、法官和其他行为体的一系列跨边界的非正式制度，以之执行贯彻各个方面的全球治理"。[②]

现有的国家参与国际事务的组织机构和组织模式，同样是在威斯特伐利亚体制中建立起来的。以中央政府和外交部门为核心的国家外事机构，其首要的目的仍然是维护以主权领土完整和军事安全为核心的国家利益，而不是应对环境问题等低政治问题。而国家为了应对全球问题的挑战和参与全球治理，对其参与国际事务的部门进行了深刻的调整；中央政府各职能部门、次国家政府、立法、司法机关开始参与到国际事务和全球治理事务中来。国家作为参与全球环境治理的重要治理主体，其本身的这种调整变化，是结构概念中不可或缺的一部分。

---

① Frank Biermann, "Global Environmental Governance," in *Handbook of Globalization and the Environment*, ed. Khi V. Thai, Dianne Rahm, Jerrell D. Coggburn (Boca Raton, London, New York: CRC Press, 2007), pp. 137-155.

② Anne-Marie Slaughter, Thomas Hale, "Transgovernmental Networks and Emerging Power," in *Rising States, Rising Institutions: Challenges for Global Governance*, ed. Alan S. Alexandroff, Andrew F. Cooper (Baltimore: Brookings Institution Press, 2010), p. 48.

（二）全球环境治理的理想权威分配

关于全球环境治理的主体和权威分配问题，学者们提出了不同的看法，但大体上都遵循了超国家层次、国家层次、次国家层次（或民间组织层次）的层次分析方法，来说明不同层次治理主体所应当拥有的权威。而著名环境治理学者彼得·哈斯（Peter M. Hass）的研究则在更加深入地观察了全球环境治理的经验事实之后，将参与环境治理的主体界定为"国家、国际机构（International Institution）、跨国公司、非政府组织、科学共同体（Scientific Communities）"五个大类，并界定了九类环境治理功能。[①] 从各类全球环境治理主体所能够承担的功能出发，可以对它们所拥有的权威及其性质进行分析，并在此基础上研究各类治理主体之间的理想权威分配样式。

但是，哈斯对全球环境治理主体的界定依然没有注意到国家对其参与全球环境治理的组织机构进行的（自发或自觉）的调整，而是延续了国际关系研究一贯的将国家作为单一理性行为体的传统，忽视了国家公共权力的其他组成部分如立法、司法机关，尤其是次国家政府同样应当参与到全球环境治理之中的基本现实。因此，本书以哈斯的研究为基础，将国家、国际环境组织、国际环境非政府组织、跨国公司和科学机构及其跨国网络认定为参与全球环境治理的主体。同时，也将次国家政府认定为参与全球环境治理的重要主体。

这里有两点需要说明，一是企业只有在适当的市场机制激励下才会成为治理的主体。并且，企业也是治理安排所要针对和引导的对象。二是国家、次国家政府、国际环境组织、国际环境非政府组织、跨国公司、科学共同体六类治理主体并不处于同一层次。其中，国际环境组织和国家—次国家政府分别处于超国家和国家层次，其他主体则处于跨国民间组织层次。

那么，这些主体之间的理想权威分配应当是何种样式？为了回答这

---

① See Peter M. Hass, "Addressing the Global Governance Deficit," *Global Environmental Governance* 4 (4), Nov. 2004.

个问题，必须首先理解上述主体在治理安排中可以承担的治理功能。诸多治理主体在不同的治理功能领域享有权重不同的权威。因为，既然"权威"是指"只有在听众承认他们并不是依赖于某个意见得以成立的理由，但却是因为这些意见出自特定的说话者——这个说话者因其被公认的特性而区别于常人——而接受和认可这些意见的时候，这些说话者及意见便被认为是有权威的"。那么权威便不仅来源于公共权力及其强制力，也可以来源于某个行为体在特定方面的独特地位。例如，科学机构因其在发现环境问题、判断环境恶化趋势、发现其原因和环境技术开发方面的独特地位，使得科学机构及其跨国网络在议程设置、制定规则、能力建设方面拥有重要权威。

关于全球环境治理的功能，目前学界比较有共识的看法是，环境治理的功能（Governance Function）主要包括议程设置、建立框架、环境监测、履约核查（Verification）、规则制定、建立规范、强制执行、能力建设、资金供给九个方面。[①] 不同治理主体在诸治理功能方面形成了权威分布矩阵，在哈斯关于全球环境治理诸主体的功能的相关研究的基础上，表2归纳了六类全球环境治理主体在九类治理功能中的理想权威分配矩阵。[②]

表2　全球环境治理的理想权威分配矩阵

治理功能	国家—次国家政府	国际制度/组织	跨国公司	非政府组织	学术机构/网络
议程设置	有，通过国家环境监测发现环境问题，影响议程设定	有，通过进行环境监测、发布第三方监测结果来实现	有，通过媒体、游说等方式来实现	有	有，如IPCC的作用
建立框架	有，通过谈判来实现	有，如UNEP	有，如媒体	有	可以对现有框架进行监测

---

① See Peter M. Haas, "Addressing the Global Governance Deficit," *Global Environmental Politics* 4 (4), Nov. 2004, pp. 1-15.

② 也有学者将其概括为"权威场域"（Sphere of Authority）。See James N. Rosenau, "Global Governance as Disaggregated Complexity," in *Contending Perspectives on Global Governance: Coherence, Contestation and World Order*, ed. Alice D. Ba, Matthew J. Hoffman (New York: Routledge, 2005), p. 133.

续表

治理功能	国家—次国家政府	国际制度/组织	跨国公司	非政府组织	学术机构/网络
环境监测	有	有	有	有	有
履约监管	有	有	有	有	有
制定规则	有，通过建立国际机制来实现	有，通过提供导向性意见、国际机制演化来实现	有，如自愿的行业规则	有，通过提出原则性标准来实现	有，通过与国家和国际制度的协商来实现
建立规范	有，如"软法"	有	有，通过国际标准化组织的标准来实现	有，如地球委员会起到的作用	无
强制执行	有	多数没有，但可监测执行情况	有	多数没有，但个别组织如野生动物贸易研究组织有时起到强制作用	无
能力建设	有，如官方发展援助（ODA）	有，通过多种支持活动来实现	有	有，一般通过与国家或国际组织合作，采取直接的草根行动；以及一些培训项目	有，通过技术开发和培训来实现
资金支持	有，如ODA	有，如联合国环境基金、联合国发展计划	有	无	无

资料来源：作者参考了彼得·哈斯关于全球环境治理诸主体的功能的相关研究，See Peter M. Haas, "Addressing the Global Governance Deficit," *Global Environmental Politics* 4 (4), Nov. 2004, pp. 1-15。

关于全球环境治理中各类治理主体间权威分配的合理样式，经过充分经验验证的可靠定量研究尚比较缺乏，[①] 但一些基本的定性观点应当可以获得广泛认可。国家显然是最重要的治理主体，这显然是本领域内为数不

---

① 以EBSCO数据库检索结果为依据，检索关键词为environmental governance、environmental policy + governance、environmental policy + regimes、environmental policy + institutions，检索日期为2012年10月10日。

多的具有确定性的知识之一。[1] 考虑到环境问题的特性，科学机构及其跨国网络的治理权威显然应当高于其在其他治理领域（如非法移民控制、反恐）中的权威。事实上，科学机构在环境治理领域中起到了前提性和基础性的作用，是环境政策决策过程的起点和最重要的政策评估方。[2] 相对于世界经济、金融和反恐等问题，环境问题可能是非政府组织最容易发挥作用的领域之一，非政府组织可以在几乎全部环境治理功能中发挥重要作用，其治理权威尤其体现在议程设定、环境监测、履约监管等方面，并尤其可以发挥联结国家间、全球与国内的作用。[3] 通过改善国家行为，尤其是重塑消费文化等活动，非政府组织甚至可以创新国家利益。现代市场经济中，（跨国）企业是最重要的市场要素，通过建立各种市场框架引导（跨国）企业参与全球环境治理，是非常重要的治理路径。[4] 企业的权威体现在资金供给、能力建设、议程设置等方面。而以国家为中心的国际制度（组织）是唯一处于超国家层面的治理主体，以联合国系统内关涉环境问题的国际组织为代表的国际组织已经具备了相当的超国家特性。国际环境组织几乎在所有的治理功能方面都可以拥有较重的权威。国际环境组织越具超国家性的独立权威，其关注的利益便越可能是全球性的，这对于推动全球环境治理的有效落实具有非常重要的意义。

概括而言，理想的全球环境治理权威分配图景，首先应当具有独立于国家的若干非国家治理主体，这些主体在相应的治理功能中与国家共享权威，且非国家主体有足够的权威对国家的治理行为进行补充，并能够对国家片面追求个体利益而非集体利益，片面追求经济、军事利益而非环境利益的行为进行平衡。关于此，本章第二部分将进行更为具体的讨论，并从

[1] Pamela S. Chasek, David L. Downie, Jane Welsh Brown, *Global Environmental Politics* (Boulder: Westview Press, 2010), pp. 53-63.

[2] Peter M. Haas, "Science and International Environmental Governance," in *Handbook of Global Environmental Politics*, ed. Peter Dauvergne (Northampton MA: Edward Elgar, 2005), pp. 383-402.

[3] Thomas Princen, Matthias Finger, Jack P. Manno, "Translational Linkages," in *Environmental NGOs in World Politics: Linking the Local and the Global,* ed. Thomas Princen, Matthias Finger (London and New York: Routledge, 1994), pp. 217-236.

[4] See Jennifer Clapp, "Transnational Corporation and Global Environmental Governance," in *Handbook of Global Environmental Politics*, ed. Peter Dauvergne (Northampton MA: Edward Elgar, 2005), pp. 284-298.

中分析当前全球环境治理权威分配存在的缺陷及其影响。并以之证明，全球环境治理中各治理主体间权威分配的失衡，将导致治理安排本身的效能下降。

（三）全球环境治理中的国家"跨国转型"

治理结构的第二个方面是治理主体本身的变化：本书语境中，主要是指国家（自觉或自发的）发生的对其参与全球环境治理的公共权力组织机构的调整。但本书并不十分认可前面提到的"跨政府网络"这样一种描述——毕竟这个概念仍然将政府作为国家参与全球治理的主要组成部门，而其描述的现象却是包括了立法、司法、行政等逐步牵涉到全球环境治理之中的多种公共权力部门。[①] 因此，本书认为，国家参与全球环境治理时的"跨国转型"（Transnational Transformations）构成了这里的主变量。

一些学者提出，跨国转型这个概念可以解读为"变政府中心的国家间国际机制为主为跨部门的多层全球治理网络（Cross-Sectoral Multi-Level Networks of Global Governance）的过程"。这种治理网络"并不是指政府间组织、跨国公司、跨国学术网络本身，甚至也不是指跨国非政府组织本身，而是指包括政府机构在内的上述诸多治理主体形成的跨部门、跨层次的新的治理安排"。[②] 按照这样的定义，"跨国转型"这一概念就包括了一切有助于超国家层次、国家、次国家（或民间组织）层次这三个层次中的治理主体走向联合的因素。这个界定看似合理，但这样一种过于泛化的定义将大大弱化这一概念的学理价值，无助于利用这一概念说明具体问题。

本书倾向于将国家的"跨国转型"这一概念应用于国家行为体在参与地区和全球治理事务时的变化。实际上，上述定义的核心内容，无外乎是

---

① Sanjeev Khagram, Saleem H. Ali, "Transnational Transformations: From Government-Centric Interstate Regimes to Cross-Sectoral Multi-level Networks of Global Governance," in *The Crisis of Global Environmental Governance*, ed. Jacob Park, Ken Conca, Matthias Finger (New York: Routledge, 2008), pp. 132-162.

② Sanjeev Khagram, Saleem H. Ali, "Transnational Transformations: From Government-Centric Interstate Regimes to Cross-Sectoral Multi-level Networks of Global Governance," in *The Crisis of Global Environmental Governance*, ed. Jacob Park, Ken Conca, Matthias Finger (New York: Routledge, 2008), pp. 132-162.

将跨国转型解读为从"国家间关系"向"跨国关系"转变的过程。而在这一转变中，国家行为体发生的最显著变化是，由中央政府作为国家参与国际事务的唯一重要代表，转变为中央政府各部门、次国家政府，乃至立法、司法机关共同参与到全球或地区环境治理事务中来，并形成部门间、次国家政府间和立法、司法机关之间的跨国合作。笔者将国家行为体在参与全球治理时的这种变化，界定为本书所论及的国家参与全球或地区治理事务时的"跨国转型"。在其中，次国家政府的作用被认为是尤其重要的，而各国立法、司法机关则可以通过法律合作的方式，对破坏环境的行为追究法律责任。当然，限于各国发展阶段的差别，相关法律标准并不一定统一，但法律合作的必要性并不因此降低。因为这毕竟会提高非法污染的成本。

国家的跨国转型对于全球环境治理事务具有重要意义。欧洲的经验对此具有很强的说服力，"欧盟、国家政府以及次国家政府在治理权威的多个层次上共同组成了政策的协作网络"。[1] 在欧盟框架中，各种地方自治组织（比如组成联邦的州、各种类型的自治省、自治市）会影响到欧洲主要大国和欧盟的对外关系决策。而立法、司法方面的合作则平衡了各国之间环境法律政策的差异。

在全球环境治理的语境中，虽然世界各地区与欧盟在政治建制上存在巨大差别，但国家"跨国转型"的作用同样非常重要。中央政府代表国家所进行的国际环境合作，最终总是要在次国家政府的层面上进行落实；次国家政府直接管辖的城市和大型工业区，也恰恰是环境污染的主要来源；而中央与地方在环境保护、经济发展等方面的利益分歧也必须通过充分发挥地方的能动性加以解决。次国家政府在制定地方环境保护标准、跨国省级环境合作、推动环保产业发展和建立相应的国际经济园区、培育社会层次环境治理主体以及推动国家间合作、区域性环境问题与政策研究方面都存在着巨大潜力。次国家政府之间的广泛全球性跨国合作，可以更灵活地实践各自的比较优势。立法、司法机构在环境领域的跨国合作目前还不甚

---

[1] Liesbel Hooghe, "Introduction: Reconciling EU-wide Policy and National Diversity," in *Cohesion Policy and European Integration: Building Multilevel Governance*, ed. Liesbel Hooghe (Oxford: Oxford University Press, 1996), p. 16.

明显，但缺乏这种合作则会造成显著的负面影响。

从现有的经验事实来看，欧盟国家在区域治理中出现的跨国转型相对于其他地区而言是一种比较理想的情况。这与欧洲国家的政治建制和政治发展有着直接的关系。次国家政府之间进行广泛、深入的地区性、全球性跨国合作，对于全球环境治理具有重大推动作用。各类全球环境治理安排中，国家跨国转型是否完善，对于其效能的发挥具有直接影响。

二、当前全球环境治理中权威分配的缺陷及影响

本部分意在分析全球环境治理中的"权威分配"缺陷对实践造成的负面影响，证明全球环境治理权威分配中，国家权威过大，非国家治理主体权威相对不足，是全球环境治理未能充分有效应对全球环境问题的第一个原因。为了分析的条理和逻辑清晰，本部分依次分析当前全球环境治理中国家和超国家层次、民间组织层次治理主体的实际权威分配缺陷，并说明其影响，从而在治理主体权威分配——即全球环境治理结构的第一个要素——的角度，回应本书导论部分提出的研究问题，并对其进行经验验证。

（一）国家主体的权威过大及其影响

从现有全球环境问题治理安排中不难看出，现有全球环境治理主要是以"国际治理"的方式来进行的，并集中地表现为国际环境条约；[①] 国家是其中最重要的治理主体，在绝大多数环境领域中，均在全部九个治理功能中占有支配性的权威。"当前主要全球环境治理途径依然是国际环境条约，并且这些条约甚至是扩大了国家的权限。"[②]

现有的国际环境条约，大都在整体性的环境问题中强调个体国家的排

---

① David Leonard Downie, "Global Environmental Policy: Governance through Regimes," in *The Global Environment: Institutions, Law, and Policy (Second Edition)*, ed. Norman J. Vig, Regina S. Axelrod (Washington D.C.: CQ Press, 2005), pp. 64-83.

② Peter H. Sand, "Global Environmental Change and the Nation State: Sovereignty Bounded?" in *Multilevel Governance of Global Environmental Change: Perspectives from Science, Sociology and the Law*, ed. Gerd Winter (New York: Cambridge University Press, 2006), pp. 519-520.

他性权力。从中不难看出，针对全球环境资源这类"国际公物"，作为环境治理主体的国家的权威仍然得到保持甚至增强，而国际环境组织、国际环境非政府组织、科学机构等非国家治理主体的权威却没有得到应有的强调。例如，在海洋环境保护领域，1982年的《联合国海洋法公约》是全球海洋环境治理的最重要治理安排。该公约将国家管辖范围扩大到了200海里专属经济区。国家对于专属经济区内的环境资源拥有排他性权利。十年之后，在生态环境保护领域，1992年的《生物多样性公约》又将国家主权扩展到了动植物遗传资源范畴，[①] 直接关闭了动植物遗传资源作为"人类共同遗产"（Heritage of Mankind）的概念，[②] 而将其置于个体的国家主权的管辖之下。又过了大约十年之后，2001年，《粮食和农业植物遗传资源国际条约》（International Treaty on Plant Genetic Resources for Food and Agriculture）则彻底终结了基因资源成为"人类共同遗产"的法律愿景。[③] 在有害废物越境转移方面，尽管在发展中国家和一些关键非政府组织（主要是绿色和平组织和巴塞尔行动网络）的共同压力下，以《巴塞尔公约》为代表的"有毒有害物质三公约"在其演化过程中，"已经对经合组织国家的'否决权'形成了一定限制，禁止了经合组织国家向发展中国家出口有害废物，但发展中国家仍可以相互转移废物"。[④] 可以看到，在有害废物越境转移领域，国家的权威依然没有受到有效的限制。以上事例说明，在全球环境治理的各个主要领域中，国家的权威都是主导性的，现有国际环境条约尤其强调个体国家的权利，而不是非国家治理主体的权威和功能。

国家权威过大意味着，在环境治理安排中，非国家主体的治理权威受到了排斥。将某些议题领域纳入国家主权管辖范畴，既增强了国家的排他性权力，也增强了国家行为的合法性。这便压缩了非国家治理主体在各个治理功能领域中的权威。而在具有很强整体性的全球环境问题中，追寻个

---

① 参见《生物多样性公约》，第十五条。

② 该概念可参见：Food and Agriculture Organization of the United States, International Undertaking on Plant Genetic (Conference Resolution 8/83 of the FAO), Article 1。

③ Raustiala K., Victor D. G., "The Regime Complex for Plant Genetic Resources," *International Organization* 58 (2004), pp. 277-309.

④ Pamela S. Chasek, David L. Downie, Jane Welsh Brown, *Global Environmental Politics* (Boulder: Westview Press, 2010), pp. 139-140.

体利益的国家在治理安排中权威独大，则会导致治理安排难以制约国家片面追求个体利益而忽视整体环境利益的行为。

一个显著的实例是《斯德哥尔摩公约》。该公约是对持久性有机污染物进行国际管制的核心国际机制，其中心要素之一是公约框架内的"持久性有机污染物"（POPs）认定程序。恰恰是这个认定程序，体现了诸多治理主体中国家权威独大的负面影响。《斯德哥尔摩公约》为认定POPs，专门建立了"持久性有机污染物检审委员会"（POPs Review Committee, POPRC），由其负责检审某种物质是否符合该公约附件D的相关标准，并作出是否将该种物质列入公约，或列入哪个公约附件（附件A、B或C）[①]的政策建议。POPRC实际上是一个科学咨询机构——很多国际环境公约都有类似的组织。然而，国家的权威在《斯德哥尔摩公约》的持久性有机污染物认定程序中依然是占据主导地位的：任何缔约方都可以全面聆讯任何潜在附件物质的持久性有机污染物认定程序；任何缔约方都可以在POPRC的结论成为缔约方大会决议之前提出评论并对结论作出更改建议；POPs认定的最终权威属于缔约方大会，也即各个缔约方；最后，任何缔约方有权决定其是否接受某一特定附件POPs的管制限制。[②]

这些限制在《斯德哥尔摩公约》的最初运行中并没有阻碍向附件中添加新的POPs，但这首先应归因于最初新增的这些POPs均是被公认为已经不经常使用的"已死亡的化学品"（Dead Chemicals）；[③] 而一旦POPRC的工作重心转向了现在仍在一些国家中普遍使用的"活着的化学品"（Live Chemicals），治理安排中作为治理主体之一的国家权威过大，致使治理安排陷于"国家间机制"固有缺陷的现象便清楚地显现了出来。"在2008年10月召开POPRC第四次会议中，一些参会国将本国的经济、政治要素与认定持久性有机污染物的科学标准（包括持久性有机污染物的毒性、持久性、生物体内累积量、长期环境转化率、对人类健康与环境的破坏风险）

---

① 不同附件所列的物质管制标准不同。附件A为"完全禁止"（Elimination），附件B为"严格限制"（Severely Limited），附件C为"无意中产生的"（Unintentionally Produced）。

② Pamela S. Chasek, David L. Downie, Jane Welsh Brown, *Global Environmental Politics* (Boulder: Westview Press, 2010), pp. 148-149.

③ Pamela S. Chasek, David L. Downie, Jane Welsh Brown, *Global Environmental Politics* (Boulder: Westview Press, 2010), pp. 148-149.

并列起来。这导致了《斯德哥尔摩公约》框架下 POPRC 和缔约方大会投票过程中的大量激烈争论。"① 这降低了该公约的工作效率，导致了一些化学品无法得到管制。"能否实现从'已死亡的化学品'到'活着的化学品'之间的管制转变，是对 POPRC 及其长期有效性的真正检验。"②

在这个案例中，可以看到主权国家在持久性有机污染物认定的议程设置、框架建立、规则制定方面都拥有主导性权威；而超国家层面的国际制度——《斯德哥尔摩公约》及其 POPRC 均缺乏实质性的影响力。这导致一旦国家间出现利益分歧，现有治理安排在本质上无力对其进行协调。国家可以利用议程设置、框架建立、制定规则等方面的主导性权威，在业已建立的治理安排中寻求个体利益而非集体利益，实现政治、经济利益而非环境利益。当所有国家都照此逻辑行事时，治理安排便会陷于失效。上面这个案例只是冰山一角。若要平衡国家的这类行为，便需要在各个治理功能领域加强非国家治理主体的权威。但在现实中，非国家治理主体权威的残缺和不足同样是全球环境治理中的重大结构缺陷。

当然，本书并不是要片面强调扩大国际环境组织权威，使其有权在不考虑具体国家承受能力的情况下作出持久性有机污染物认定，也并不是要否定国家依据本国经济社会发展阶段采取相应环保政策这一行为的合理性。本书只是在研究一个具体的困惑：为什么现有全球环境治理安排未能有效治理环境问题？在这个意义上，我们看到的基本现实是，在现有全球环境治理安排中，作为环境治理主体之一的国家，其权威过大，导致其片面追求个体利益、经济利益而非整体利益、环境利益的冲动未能得到平衡。从上面的例子中可以看到国家权威过大的负面影响。

（二）国际环境组织的权威残缺及其影响

在全球环境治理实务中，以联合国系统中的联合国环境规划署为代表的国际环境组织，已经在若干治理功能领域中获得了相当多的权威。它们

---

① See Stockholm Convention's website, http://chm.pops.int. and Earth Negotiation Bulletin at www.iisd.ca/process/chemical_management.htm#pops.

② "Summary of the Fourth Meeting of the Persistent Organic Pollutants Review Committee of the Stockholm Convention: 13-17 October 2008," *Earth Negotiation Bulletin* 15, No. 161.

可以设定议程、协助建立框架、进行环境监测、为规则制定提供导向性意见、帮助发展中国家进行履约能力建设。但是，在全部九个治理功能领域中，国际环境组织的权威并不全面，而是残缺的。而在一些领域中，其虽然拥有一定的权威，但相对于治理安排有效运行的需要，尚有很大差距。总的来看，在各个治理功能领域中，超国家层次的国际组织也并没有获得太多的"超国家要素"。由于不同的国际环境组织在各个治理功能领域中各有侧重，因而本书仍将选取重要环境治理领域来证明国际环境组织权威不足的负面影响。

平流层臭氧层保护是全球环境治理事务中少有的几个取得相对成功的领域之一，但即便是在这样一个取得了相当成就的领域中，仍然可以看到国际环境组织权威不足的严重负面影响。尽管联合国环境规划署等国际环境组织的权威在议程设置、建立框架等方面得到了较好的确立，但一旦进入到建立具体法律责任的阶段，它们的权威便大为削弱。

国际环境组织在议程设置方面的权威在这一领域中得到了体现。早在1976年，联合国环境规划署治理委员会（UNEP Governing Council）就将臭氧层损耗作为五个最重大的环境问题之一。随后，联合国环境规划署于1977年在华盛顿召集了专家会议，并采纳了"臭氧层世界行动计划"（World Plan of Action on the Ozone Layer）。联合国环境规划署的这些活动直接激发了国际社会对于臭氧层损耗的关注，使之成为全球环境保护的一个重要议题。值得注意的是，虽然对于臭氧层消耗问题的政治讨论始于1977年，但其科学事实的确认却并不是在此之前就完成的。恰恰相反，关于臭氧层损耗科学事实的确认是在随后数年间逐步建立的，"甚至直到1982年，国际社会关于臭氧层保护的谈判已经开始，但即便是对于相关国际行动的倡导者来说，臭氧层损耗的科学事实都是尚不清楚的"。[1] 直到1985年《保护臭氧层维也纳公约》签订之后一周，英国科学家才第一次报告了北极臭氧空洞的存在。[2] 联合国环境规划署在相关科学研究尚不清楚的情

[1] Iwona Rummel-Bulska, "The Protection of the Ozone Layer under the Global Framework," in *Transboundary Air Pollution*, ed. Cees Flinterman (Netherland: Martinus Nijhoff, 1986), pp. 281-296.

[2] J. Farman et al., "Large Loss of Total Ozone in Antarctica Reveal Seasonal ClOx /NOx Interaction," *Nature* 315, May 1985, pp. 207-210.

况下便能发动起非常广泛的国际行动，并签订一个世界各国普遍参与其中的全球性国际公约，其在议程设置、建立框架、建立规范方面的权威可见一斑。

同时，联合国环境规划署和联合国开发计划署（United Nations Development Programme，UNDP）还在能力建设方面积极行动。如联合国环境规划署和臭氧层保护工业合作社于1992年共同建立了"臭氧行动情报交流站"，旨在将臭氧层消耗物质的削减方法、技术、政策和计划方案传递给工业界，帮助工业企业提高削减臭氧层消耗物质的能力。这对于发展中国家具有特别重要的意义。相关国际组织在能力建设方面的权威也在实践当中逐步建立起来。

但是，当作为框架公约的《维也纳公约》建立起来，对臭氧层进行国际保护进展到建立实质性法律文件的阶段，尤其是从《蒙特利尔议定书》的谈判过程及其后续缔约方会议的现实情况来看，国际环境组织在制定具体规则、强制执行和资金机制方面的权威缺陷便表现出来，并引发了众多负面影响。

在《蒙特利尔议定书》的历次缔约方会议中，对溴化甲烷（Methyl Bromide）的争议显示出国际组织权威不足及其负面影响。自1990年起，由于溴化甲烷对于人类健康和大气环境的双重威胁，UNEP和一些国际环境非政府组织就开始不断呼吁立即开始逐步停止该物质的生产和使用的程序。尽管国际环境组织一再呼吁禁止溴化甲烷的使用，也将其列入了《蒙特利尔议定书》，但依然存在重大"漏洞"：缔约方可以继续在"关键农业用途"中使用该物质。并且，类似的"豁免"无须经过任何国际环境组织的检审，只需要在《蒙特利尔议定书》框架内经过缔约方会议的检审，而且申请"豁免"的国家在界定"关键用途"方面拥有相当大的自由。类似的无须经过任何国际组织检审的"豁免"问题至今仍然困扰着《维也纳公约》及其《蒙特利尔议定书》的持续有效性，在将新臭氧层损耗物质列入管制范畴时反复出现。[①] 这不能不说是国际环境组织在该领域遭到的重大

---

① "Summary of the Sixteenth Meeting of the Parties to the Montreal Protocol: 22-26 November 2004," *Earth Negotiation Bulletin* 19, No. 40, www.iisd.ca/download/pdf/enb1940e.pdf.

挫折，也是其权威残缺的必然结果——国际组织在制定具体规则、监督履约、资金机制方面均缺乏真正独立且足够的权威，因而其对国家行为的影响力在本质上是受限的。

国际社会和学界一直将平流层臭氧层保护所取得的成就作为全球环境治理的一个成功典范。但即便是这样一个取得了相对成功的领域中，仍然可以看到国际环境组织权威不足带来的负面影响。

（三）民间组织层次治理主体的权威不足及其影响

在各环境治理领域中，跨国民间组织层次中的治理主体，如国际环境非政府组织、独立的跨国科学共同体、跨国企业等权威明显弱化或不健全。全球环境治理实务中，这些治理主体在议程设置、框架建立、资金支持、能力建设等方面都有一定的权威，但总体上又显得权威不足。民间组织治理主体的权威弱化，致使全球环境治理的一些功能领域无法正常发挥作用。同时，在权威弱化的背景下，为了争取更多的影响力，一些环境非政府组织、科学机构及其人员有意或无意地对环境问题进行了夸大宣传，也对全球环境治理进行造成了负面影响。

与国际环境组织类似，国际环境非政府组织在议程设置、建立框架方面拥有一定的影响力。现实中，非政府组织可以撰写某个公约或其修正案中的一些文本，进而在后续谈判中推动这些文本进入谈判备选文稿，并争取某个或几个国家代表团对这些文本的正式支持。近年来非政府组织已经开始以更为专业的方式影响国际环境机制。一个比较典型的例证是，世界自然保护联盟（IUCN）成功地使其起草的公约草案成为《保护世界文化和自然遗产公约》的谈判基础；而《濒危野生动植物种国际贸易公约》（CITES）则更是在世界自然保护联盟历经近十年努力，三易其稿而形成的草案基础上，经缔约方谈判而成。[1] 近年来，国际环境非政府组织在各类国际环境公约缔约方大会中进行非常专业的游说活动，并通过提供科学和技术信息、协助政府履约、进行履约监管来推动全球环境治理。如以绿色

---

[1] Robert Boardman, *International Organization and the Conservation of Nature* (Bloomington: Indiana University Press, 1981), pp.88-94.

和平组织为核心的国际环境非政府组织在鲸鱼保护领域起到了领导作用；世界自然保护联盟通过持续数年的工作将鲸鲨和暖鲨列入CITES附件。国际环境非政府组织还经常持续向各国提供违约行为信息和一些各国无法得到的科学信息。① 此外，非政府组织以独立第三方的身份对缔约方会议进行的报道通常被认为是公正而具有权威的。②

科学机构及其跨国网络在全球环境治理中拥有特殊的权威。这里所指的"科学机构及其跨国网络"主要是指非官方的、民间组织层次中的科学机构，包括科学家个人、独立于国家政府和私人机构的科学团体及其跨国联系网络。③ 科学机构在全球环境治理中的权威首先体现在议程设置方面。如上文提到的《维也纳公约》并没有对臭氧消耗物质的管控进行具体限制，但在英国科学家报告了北极臭氧空洞的存在之后，国际社会很快便进入《蒙特利尔议定书》的实质性谈判进程之中。此外，科学机构还经常通过培训等方式在能力建设方面树立自身权威。

但在实践中，尽管国际环境非政府组织已经对国家及各环境公约的缔约方会议构成了影响，但其作用在本质上仍是"压力集团"样式的，通过影响政府、国际组织和跨国公司来实现其主张。

这一点可以在国际社会对于象牙贸易的管控中得到验证。在这一领域中，国际环境非政府组织起到了非常关键性的作用，显示出了较高的权威。象牙贸易受到CITES的严格监管，而自1976年CITES将象牙列入管制清单，到1985年其开始对象牙贸易进行严格的配额制度，并于1986年建

---

① Patrica Birnie, "The Role of International Law in Solving Certain Environmental Conflicts," in *International Environmental Diplomacy: The Management and Resolution of Transfrontier Environmental Problems*, ed. John E. Carroll (Cambridge: Cambridge University Press, 1988), pp. 107-108.

② See Pamela S. Chasek, "Environmental Organizations and Multilateral Diplomacy: A Case Study of the Earth Negotiations Bulletin," in *Multilateral Diplomacy and the United Nations Today*, ed. James P. Muldoon (Boulder: Westview, 2005).

③ 有学者提出了一个比较贴切的概念 "Citizen Experts"，即"公民专家"，用以指代在一定程度上具备全球公民身份，为全球环境治理（而非专注于本国利益）而工作的科学家、科学机构。See Sheila Jasanoff, "Science and Environmental Citizenship," in *Handbook of Global Environmental Politics*, ed. Peter Dauvergne (Northampton MA: Edward Elgar, 2005), pp. 365-383.

立"象牙贸易控制系统"的十年间，非洲大象的数量一直在持续减少。[①] 合法象牙贸易的减少也被认为是"走私（非法贸易）增加、囤积增加、大象种群数量严重减少和公众意识变化"共同作用的结果，[②] CITES的管制贡献并不显著。而在走私象牙的巨额利益驱动下，尽管象牙产出国进行了严厉打击，但偷猎现象依然愈演愈烈。[③]

当政府间国际组织和不同国家都在该领域显得乏力时，国际环境非政府组织却作出非常重大的贡献，但即便如此，也不难看到非政府组织权威不足的负面影响。自1980年以后，以世界自然基金会、世界自然保护联盟、象牙贸易检审组织（Ivory Trade Review Group，ITRG）、野生动物贸易研究组织（TRAFFIC）为代表的国际环境非政府组织为全面禁止象牙贸易进行了长达十数年的游说活动，[④] 以及大量的宣传、科研工作，发起了一些跨国社会运动。然而，所有这些努力在十年间一直为CITES及其缔约方所忽视。[⑤] 直到20世纪80年代末，撒哈拉以南非洲野生大象种群数量的减少趋势达到了再也无法忽视的地步，国际环境非政府组织的努力才最终促成了对象牙贸易的完全禁止。而在此之前，野生大象种群的损失是十分惨重的。尽管这个案例发生在20多年前，但类似的事例在各个环境领域中继续发生。无论国际环境组织、国际环境非政府组织如何努力，其都因其权威不足而无法对国家行为及时地造成足够的影响。关于此，全球气候治理就是当前最典型的例子。

---

① Thomas Pricen, "The Ivory Trade Ban: NGOs and International Conservation," in *Environmental NGOs in World Politics: Linking the Local and the Global*, ed. Jack P. Manno, Margaret L. Clark (New York: Routledge, 1994), p. 125.

② US Fish and Wildlife Service, Federal Register, 54 (110), June 9, 1989, 24758-61, "Moratorium on Importation of Raw and Worked Ivory From all Ivory Producing and Intermediary Nations."

③ 公平地说，20世纪80年代撒哈拉以南非洲的主要象牙产出国，为打击偷猎付出了巨大的努力。但由于偷猎现象过度广泛，政府力量显得相对不足。See Thomas Pricen, "The Ivory Trade Ban: NGOs and International Conservation," in *Environmental NGOs in World Politics: Linking the Local and the Global,* ed. Jack P. Manno, Margaret L. Clark (New York: Routledge, 1994).

④ Thomas Pricen, "The Ivory Trade Ban: NGOs and International Conservation," in *Environmental NGOs in World Politics: Linking the Local and the Global*, ed. Jack P. Manno, Margaret L. Clark (New York: Routledge, 1994), p. 126.

⑤ Thomas Pricen, "The Ivory Trade Ban: NGOs and International Conservation," in *Environmental NGOs in World Politics: Linking the Local and the Global*, ed. Jack P. Manno, Margaret L. Clark (New York: Routledge, 1994), p. 126.

相对独立的民间组织层次中的独立科学机构及其跨国网络，可能更多地站在环境科学的立场上作出更为客观的研究。而政府间科学机构（如IPCC）则经常会受到国家利益纷争的影响，而出现科学问题政治化倾向。在《斯德哥尔摩公约》《气候变化框架公约》的缔约方会议中，民间科学机构及其跨国网络都屡次提供了大量的科学研究。但民间科学机构及其跨国网络在全球环境治理事务中，其权威同样经常受到国家的影响。例如，东北亚地区各国科学机构在地区酸沉降来源方面的分歧，就鲜明体现出科学机构缺乏独立权威的负面影响。本部分下文将对此详细阐述。

本部分的分析可以比较充分地证明全球环境治理结构的第一个方面——治理主体的权威分配中的缺陷，造成了全球环境治理安排未能充分有效治理全球环境问题。具体来看，主要缺陷是国家的权威过大，而非国家主体的权威相对不足。

（四）对权威分配失衡影响的综合验证

下面，本书将以东亚酸沉降治理实践为分析案例，对全球环境治理结构问题中"主体间权威分配失衡"这一要素所产生的影响进行综合验证。之所以选择这一案例，一方面是因为地区环境治理显然是全球环境治理的一个重要组成部分，本书不应对其置之不理；另一方面也是有意识地对本书观点在地区层面上的解释力进行验证。并且，地区层面上，主权国家间更容易达成具体的国际环境保护行动。在这样的背景下，更容易进行变量控制，从而说明结构变量的影响。

"东亚酸沉降监测网络"及其13个参与国，经过近15年的治理实践，却远未能遏制这一问题。

那么，究竟为什么东亚酸沉降监测网未能提供有效治理？下面，笔者将从环境治理的结构视角，来回答这个问题，从而对本书观点进行验证。

首要的原因在于结构方面的权威分配缺陷。[①] 在东亚酸沉降治理中，国家占据了几乎全部治理权威。在议程设置、环境监测、建立框架、制定

---

① 关于东亚酸沉降治理中各类治理主体的发展变化及其所拥有的权威，本书参考了Yasumasa Komori 的研究，See Yasumasa Komori, "Evaluating Regional Environmental Governance in Northeast Asia," *Asian Affairs: An American Review*, 37 (1–25), 2010。

规则、强制执行和资金支持方面，东北亚地区酸沉降治理均是由国家主导，而其他非国家治理主体的权威严重不足。在这种情况下，一旦国家强调经济利益或个体利益，地区酸沉降治理很容易陷入集体行动的困境。现实中，日本、韩国持续地指责中国，认为中国飞速发展的工业化进程是东北亚酸沉降的主要源头，中国应当承担主要治理责任。而中国则认为多边环境合作应着力于促使发达国家向发展中国家提供一定的资金、科学和技术支持，[①] 但日韩都不愿意过多承担资金供给责任。日本更多关注环境监测以及通过科学合作、信息交换和数据采集来监测跨境空气污染的影响。[②] 韩国则一方面支持中国的技术支持要求，另一方面支持日本的环境监测要求。国家在环境治理权威分配中的独大地位，加之国家利益存在严重分歧，使得酸沉降治理陷入困境。从欧洲和北美的环境保护实践来看，其他非国家治理主体是可以平衡国家片面追求经济增长的冲动的，但前提是其他治理主体拥有相应的权威。

在非国家治理主体的权威分配方面，科技人员、科学机构及其跨国网络在酸沉降问题的科学认知方面未能发挥重要作用。东北亚地区缺乏具有独立地位、针对地区酸沉降问题进行研究的跨国科学机构。科学机构在地区酸沉降治理中缺乏独立的权威，受到国家利益的影响。"1989年，日本科学家认为中国的排放对日本的酸雨问题存在影响。"[③] 然而，中日科学家在责任划分问题上却出现了严重分歧，日本学者认为中国应为45%的日本湿硫沉降负责，而中国学者却认为中国的贡献度约为3.5%，另有7%来自韩国。[④] 虽然很难在科学上判定孰是孰非，但这种巨大的分歧清楚地反映出

① Wakana Takahashi, "Problems of Environmental Cooperation in East Asia," in *International Environmental Cooperation: Politics and Diplomacy in Pacific Asia*, ed. Paul G. Harris (Boulder, CO.: University Press of Colorado, 2002).

② See Yasumasa Komori, "Evaluating Regional Environmental Governance in Northeast Asia," in *Asian Affairs: An American Review*, 37 (1–25), 2010.

③ Anna Brettell, "Security, Energy, and the Environment: The Atmospheric Link," in *The Environmental Dimension of Asian Security: Conflict and Cooperation over Energy, Resources, and Pollution*, ed. In-Taek Hyun, Miranda A. Schreurs (Washington DC: United States Institute of Peace, 2007), p. 93.

④ Y. Ichikawa, S. Fujita, "An Analysis of Wet Deposition of Sulfate Using a Trajectory Model for East Asia," *Water Air and Soil Pollution*, 1995, Vol. 85, No.4, p.1931.

国家利益的考量。科学机构及其跨国网络的独立权威由此大大削弱。科学共识的严重缺乏，导致东北亚地区一直未能形成关于酸沉降问题的跨国科学网络。由此，科学机构及其跨国网络作为重要的环境治理主体，其作用被大大弱化，在其本应发挥作用的议程设置、提供政策建议等方面，并没有扮演相应的角色。

非政府组织及其跨国网络的作用不强，同样是东北亚酸沉降治理权威分配方面的缺陷。中国的环境非政府组织与政府关系密切。韩国自1987年民主改革后，环境非政府组织发挥了重大作用，但更多是关注国内而非地区环境问题。[①] 相对于欧美的情况，日本的环境非政府组织显得规模较小，且资金不足。[②] 自20世纪90年代初，东北亚地区就出现了若干跨国非政府环境保护组织。其中东亚大气行动网（Atmospheric Action Network of East Asia，AANEA）主要着力于空气污染和酸沉降问题。这个组织是在1995年由来自韩国、日本、中国、蒙古国和俄罗斯的非政府组织共同建立的。东亚大气行动网在监督政府政策方面发挥了一定作用，但却始终没有进入降低酸沉降的核心行动中。[③]

在国际制度、国际组织的权威方面，东北亚地区显然缺乏真正拥有权威的地区空气污染治理制度。欧洲的《远程越界空气污染公约》早在1979年就已经签署，并衍生出了若干针对具体问题的议定书。而东北亚地区除东亚酸沉降监测网以外，便只有"东北亚空气污染物长距离输送项目"可以勉强算是针对酸沉降问题的国际"机制"。目前来看，此两者都不能构成真正意义上的"管理机制"。

地区治理结构方面，东北亚地区酸沉降治理的权威分配显现出严重失衡的状态，几乎看不到可以平衡国家独大的治理权威的要素。这就导致当国家陷入集体行动困境时，没有任何其他力量可以平衡这些缺陷。

综上所述，本部分对现有全球环境治理安排在治理主体权威分配方面

---

① Yoon, Lee, and Wu, "The State and Nongovernmental Organizations in Northeast Asia Environmental Security," p. 212.

② Yoon, Lee, and Wu, "The State and Nongovernmental Organizations in Northeast Asia Environmental Security," pp. 215-216.

③ Yoon, Lee, and Wu, "The State and Nongovernmental Organizations in Northeast Asia Environmental Security," p. 225.

存在的缺陷进行了阐释，并以实证的方式论证了其影响。由此证明了，治理主体间权威分配失衡是全球环境治理安排未能充分有效应对全球和地区性环境问题的重要原因之一。

三、当前全球环境治理中国家"跨国转型"的缺陷及影响

本书将全球环境治理结构中的第二个要素——国家"跨国转型"的完善程度，作为解释"现有全球环境治理安排未能有效治理环境问题"这一现象的第二原因。在分析了全球环境治理的权威分配缺陷对治理安排的效能的影响之后，承接上文，本部分将对"跨国转型"这一结构要素对于全球环境治理的影响进行具体分析，并进行经验验证。

（一）次国家政府参与不足及其影响

如本章第一部分所述，国家的跨国转型是指"中央政府作为国家参与国际事务的唯一重要代表，转变为中央政府各部门、次国家政府，乃至立法、司法机关共同参与到全球或地区环境治理事务中来，并形成部门间、次国家政府间和立法、司法机关之间的跨国合作"这一过程。这个概念强调的是国家为应对全球问题、参与全球治理，而对其参与相关事务的公共权力组织机构进行调整所发生的变化。在全球环境治理论域中，这一过程中兴起的次国家政府之间的跨国合作、各国立法司法机关的跨国合作，以及此两者的积极参与，直接关系到各类全球环境治理安排的落实。而国家跨国转型对于国际环境条约的落实过程，具有明显的影响。其完善与否，直接影响到国际环境条约的落实方式和实践效率。

与全球气候治理领域类似，很多环境治理领域的"框架公约"签订后，都涉及国家行动（或实施）方案的制定及其具体落实、履约能力建设、国内法律政策制定和修改、建立国内履约监管机构等落实工作。在传统的国际事务实践中，国际环境公约的"落地"过程一般是：先由中央政府代表国家进行谈判并决定是否签订相关条约，签订后经由国家立法机关批准，而后开始国内相关法律和政策的制定与修改、建立国家履约机构、制定国家履约行动方案、进行履约能力建设等工作。而这种中央政府牵头落实国

际环境条约的方式，最终总要在次国家政府的层面上进行具体工作。次国家政府若能积极参与到全球环境治理中，对于改善国际环境条约的国内履约过程和效率、改善国际环境条约本身的效能与公平性都有着非常重要的推动作用。

城市气候保护（Cities for Climate Protection, CCP）计划可以被视为次国家政府参与跨国环境合作的典型案例，也是国家应对全球环境问题时的"跨国转型"的典型案例。1990年，"地方政府国际联盟"（International Union of Local Authorities）和联合国环境规划署共同建立了"地方环境行动国际委员会"（International Council for Local Environmental Initiative, ICLEI），以促进次国家政府层面的国际环境合作。[①] 在欧洲和北美的十四次国家政府共同参与的"城市二氧化碳减排项目"（Urban CO_2 Reduction Project）取得成功的基础上，ICLEI于1993年建立了城市气候保护计划。至2006年，该计划已有675个来自非洲地区、亚太地区、拉丁美洲、欧洲和北美洲的地方政府参与，占到超过全球温室气体排放总量地区的8%。[②]

次国家政府在全球气候治理中的重要性在城市气候保护计划中得以体现。有四个方面的影响十分重要：[③] 第一，绝大多数环境破坏的源头都在次国家政府所辖的大城市、工业区之内。在今日这个高度城市化的世界中，城市是能源消费和污染产出的主要地区，次国家政府对这两个因素的影响可以体现在能源供给与管理、运输、土地使用规划、建立规则和废物管理等方面。第二，"21世纪议程"第28章要求各国地方政府制定"地方

---

① Michele M. Betsill, Harriet Bulkeley, "Transnational Networks and Global Environmental Governance: The Cities for Climate Protection Program," *International Studies Quarterly*, (2004) 48, pp. 471-493.

② Michele M. Betsill, Harriet Bulkeley, "Cities and the Multilevel Governance of Global Climate Change," *Global Governance* (2006) 12, pp. 141-159.

③ Ute Collier, "Local Authorities and Climate Protection in the EU: Putting Subsidiarity into Practice?" *Local Environment* 2, no. 1 (1997), pp. 39–57; Benjamin De Angelo and L. D. Danny Harvey, "The Jurisdictional Framework for Municipal Action to Reduce Greenhouse Gas Emissions: Case Studies from Canada, USA and Germany," *Local Environment* 3, no. 2 (1998), pp. 111–136; Darryn McEvoy, David Gibbs, and James Longhurst, "The Prospects for Improved Energy Efficiency in the UK Residential Sector," *Journal of Environmental Planning and Management* 42, no. 3 (1999), pp. 409–424; Thomas Wilbanks and Robert W Kates, "Global Change in Local Places: How Scale Matters," *Climatic Change* 43 (1999), pp. 601–628.

21世纪议程（LA21）"，并鼓励建立次国家政府之间进行国际合作的相关机制。[①] 在其框架下，次国家政府实际上一直在进行跨国环境合作，拥有一定的合作基础，ICLEI便是一例。第三，次国家政府能够为其他主体参与气候治理提供激励。具体方式包括培育利益相关方、鼓励公共参与、游说中央政府等。第四，一些次国家政府在减缓气候变化、能源管理、运输、规划领域造成的环境影响方面经验丰富，采取了创新性的新方法、新战略，并以之作为示范项目或新试验的基础。通过上述各方面的实践，次国家政府对于中央政府达成温室气体减排目标的能力——履约能力建设——形成了直接帮助。例如，澳大利亚估计其地方政府推动了其一半左右的温室气体减排量。[②]

但次国家政府在参与全球环境治理时，与其他非国家治理主体一样，面临着权威相对不足，无法充分发挥其应有作用的问题。从实践来看，城市气候保护计划总体上还是停留在交流城市减排工作经验、互相提供信息等较低水平的合作上。受限于国家授权不足，参与城市气候保护计划的地方政府无法就共建资金机制、跨国技术合作、跨国碳市场构建、碳（关）税国际合作方面采取实质性步骤。因此城市气候保护计划更多止步于信息交流、管理方式交流等相对浅表层次的合作，无力在减缓、适应、资金、技术等领域达成深入、具有国际拘束力的跨国合作。本可以成为国家跨国转型合作典型的城市气候保护计划，在现有全球气候治理安排中没有实现其重要影响。[③]

（二）跨国法律合作不足及其影响

自1992年《巴塞尔公约》生效以来，历次缔约方会议一直致力于全

---

①　Richard Gilbert, Don Stevenson, Herbert Giradet, and Richard Stren, *Making Cities Work: The Role of Local Authorities in the Urban Environment* (London: Earthscan, 1996), p. 69.

②　Intergovernmental Committee on Ecologically Sustainable Development (ICESD), Future Directions for Australia's National Greenhouse Strategy, ICESD Discussion Paper, Canberra, 1997; J. M. Lumb, K. Buckley, and K. A. Auty, Greenhouse Action and Local Government: The New Directions, report prepared for the National Environmental Law Association, Melbourne: NELA, 1994.

③　Michele M. Betsill, Harriet Bulkeley, "Cities and the Multilevel Governance of Global Climate Change," *Global Governance* (2006) 12, pp. 141-159.

面禁止有害废物跨国贸易。迄今，已有166个国家批准了该公约。尽管美国一直没有签署该公约，但单就缔约方而言，该公约也没有完成其使命。"《巴塞尔公约》生效的十多年来，有害废物（尤其是电子产品废物）的贸易依然十分繁荣。"[①] 从公约秘书处提供的数据来看，《巴塞尔公约》生效后，缔约方之间的有害废物贸易只是在2000年时有所回落，其余的年份均处于上升状态。[②] 这一方面与《巴塞尔公约》片面依靠"国际条约—国内立法"的方式进行管制，而忽视通过建立适当市场框架引导废品贸易与处理行为有关；另一方面，《巴塞尔公约》框架中各国相关国内法缺乏协调，使得废物贸易有太多法律漏洞可寻也是非常重要的原因。

相对于发达国家，发展中国家的环境立法滞后许多。一些发展中国家的部分地方将进口发达国家废物并进行简单处理作为其经济来源，客观上这也是经济方面的不得已做法。而发达国家往往拥有比较严格的环境法律法规，在本地进行废物处理的成本也因此拉升，这造成废物出口的强烈市场冲动。

"2007年生效的《欧盟废旧电子电气设备指令》究竟有多大影响仍处于考察中。该指令旨在鼓励参与设计生产电子电气设备的人员考虑并推动电子电气设备的再利用、再循环和回收。2009年欧洲环境总署开展的一项研究发现，该指令并非总是有效。虽然《欧盟废旧电子电气设备指令》禁止出口电子废物，但是它允许出口二手电子电气设备。在发展中国家，二手电子设备有很大的市场，利润率高，受法律保护。例如，一家英国的慈善机构在十年内往以非洲为主的地区运送了15万台翻修电脑，并声称可以找到这个数字十倍的买家。然而，这在英国每年淘汰的400万台电脑中仅占一小部分。欧洲环境总署估计，每年有2000万废物集装箱通过合法或非法途径从欧洲运到各地，其中一半经过鹿特丹。港口和海关当局面临的困难在于，即便书面文件看似合规，但要把适于再利用的材料和用于处置的废物区别开却并非易事。一些声称是运来重新利用的设备可能在输入国以

---

① Lilian Yap, "The Basel Convention and Global Environment (Non)Governance: 'Trasfromismos' and the Case of Electronic Wastes," *Undercurrent*, Vol. 3, No. 1, 2006, pp. 23-33.

② Basel Secretariat, Philippe Rckacewicz, http://maps.grida.no/go/graphic/trends-in-transboundary-movement-of-waste-among-parties-to-the-basel-convention.

极端危险的方式拆卸加工。"① 发达国家与发展中国家之间缺乏跨国立法、司法合作，显然是造成上述问题的重要原因。

当然，这里既不是片面要求发展中国家不顾经济运行成本进行超越发展阶段的环境立法，更不是要求发达国家在环境立法方面实行倒退。本书强调的观点是，国家跨国转型中的立法、司法合作不足，造成了现有全球环境治理安排未能充分有效应对其要治理的环境问题。

本章对"全球环境治理的结构缺陷及其影响"进行了分项阐释，分别证明了权威分配失衡、国家跨国转型不足这两个结构缺陷，是现有全球环境治理安排不能有效治理全球环境问题的原因，从而论证了"全球环境治理结构方面存在的缺陷，导致现有全球环境治理安排未能充分有效治理全球环境问题"这一观点，并论证了影响全球环境治理安排实际效果的两个结构变量：治理主体间权威分配、国家的"跨国转型"。

---

① UNEP, *UNEP Year Book 2010: New Science and Developments in Our Changing Environment*, p. 4, 转自 UNEP 官方网站：http://www.unep.org/yearbook/2010/PDF/year_book_2010.pdf。

第四章 全球环境治理的过程缺陷及其影响

在众多的治理主体、治理安排和限制因素之中，全球环境治理究竟是以何种"过程"得以落实的？这个"过程"的理想构型是什么样的？现实中全球环境治理的过程存在哪些缺陷，其影响如何？在第三章对全球环境治理的结构缺陷及其影响进行论证之后，本章将着力于上述问题，说明过程缺陷是全球环境治理安排未能充分有效应对全球环境问题的第三个原因。

一、全球环境治理的"三环过程模型"

顾名思义，"全球环境治理的过程"是指"全球环境治理是怎么实现的"，即其实现的具体路径是什么。在错综复杂的各类全球环境治理安排当中，要对其进行归纳分析是非常困难的，而困难之处首先便是难以进行变量控制。本部分将着力于在现有关于全球环境治理架构研究的基础上，以全球环境治理中的科学研究、政治决策、市场机制建设三者为基本环节，对其过程进行归纳并论证其理想过程模型——"三环过程模型"。

（一）全球环境治理过程的基本环节

关于全球环境治理的过程，国内外学界已经存在诸多讨论。对于治理过程中的要素以及各个要素之间的关系，现有的一些讨论可以构成本书进行继续研究的基础。国内的研究中，俞海等学者认为，"国际环境组织机构、环境法律体系、资金机制形成了关于国际环境治理的稳定的三角结构……结构中的三个要素互相呼应、互动、传递形成了国际环境治理的有机联系的统一整体"。[1]由此，俞海等学者给出了"国际环境治理基本架构"，认为国际环境治理是在其中的互动过程中实现的，如图7所示。

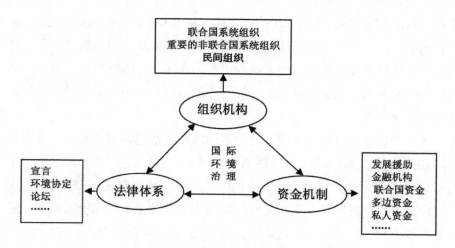

图7　俞海等学者归纳的"国际环境治理架构"

资料来源：转自俞海、周国梅、程路连：《国际环境治理与联合国环境署改革》，载杨洁勉主编《世界气候外交和中国的应对》，时事出版社，2009，第152—174页。

应当看到，这种归纳方式实际上是将"国际环境治理安排"的主要内容作为分析环境治理过程的框架，但却未能将全球环境治理的"流程"很好地体现出来，也没有能够表现治理过程的动态特性和互动方式，而更多是一种静态的展示。并且，组织机构、法律体系和资金机制三个要素更多的是环境治理安排的内容，而非全球环境治理过程中的环节。

国外学者的研究则更为重视全球环境治理过程的"动态性"，更多分析各个治理要素如何构成治理的若干环节，以及各个环节之间如何相互影响。一些研究将国际环境机制作为全球环境治理的核心内容，认为国际环境机制的制定、发展、强化、落实等过程代表了"全球环境治理的过程"。"全球环境机制通常包括四个过程或阶段：问题界定（Issue Definition），将相关环境问题纳入国际社会的讨论议题之中，并确认其规模、严重性、

---

① 俞海、周国梅、程路连：《国际环境治理与联合国环境署改革》，载杨洁勉主编《世界气候外交和中国的应对》，时事出版社，2009，第152—174页。

成因及所需的国际行动；事实发现（Fact Finding），通过对相关科学、经济、政策和正义问题的国际讨论，建立关于问题性质和最适当国际行动的共识；谈判阶段（Bargaining Stage），主要相关国家间就特定环境问题达成政治共识，建立起'框架公约'；强化机制（Regime Strengthening），框架公约建立后，在新的科学证据、政治共识、国家及非国家推动力量、新的先进适用技术和履约能力的提高等因素的作用下，国际环境机制通常都会在后续的缔约方大会中签订新的议定书和协定，从而不断获得新的进展并得到加强"。①

从这种观点中可以比较清楚地看到国际环境机制的演进路径。首先是环境科学研究提供相关环境问题的科学事实；其次是国际社会达成一系列基础性原则，如"可持续发展""共同但有区别的责任"、环境合作中的"国家主权原则"等；再次是在这些原则的基础上进行国家间谈判，建立起框架公约，如《联合国气候变化框架公约》《联合国生物多样性公约》等；最后是在框架公约基础上进行有约束力的议定书谈判。

鉴于这种分析框架比较清楚地勾勒出了国际环境机制的动态发展过程，并且从中可以看到国际环境机制不断发展的一些基本要素，本书有必要对其进行更进一步的解析。这个分析框架中，环境科学对于环境威胁的研究构成了议程设置的基础，并提供了环境问题的加害方的责任划分和受害者的受影响程度，以此构成了确认相关问题国际（伦理）原则的前提。国际原则、框架公约及其议定书是在一次次国际会议中"谈出来的"政治共识，参与其中的力量包括主导大国、反对国家和众多非国家治理主体。政治共识达成后，科学进程不会就此停止，在框架公约和其后的缔约方会议中，科学研究的不断深入会持续地在议程设置方面发挥作用；并且随着先进适用技术的不断更新，科学研究会在能力建设方面起到重大推动作用，进而影响到新的政治共识的达成。而政治共识的达成又是新的有约束力的议定书的谈判基础。

可以看出，上述分析方式将国际环境机制演进中的科学研究与政治共

---

① Pamela S. Chasek, David L. Downie, Janet Welsh Brown, *Global Environmental Politics* (Boulder: Westview Press, 2010), pp. 117-119.

识之间的互动关系进行了梳理。在这个意义上，其优点是明显的。本书同样也将科学环节、政治环节作为全球环境治理过程的重要环节；前者主要功能是提供环境问题的科学研究成果，而后者主要功能在于帮助各治理主体达成政治共识。

但是，这个分析框架将政府间国际环境机制作为全球环境治理的唯一重要内容，其问题有二：其一是片面强调"主导大国"（Lead State）在国际环境机制（组织）形成中的作用，而忽视了社会层次治理主体的参与；其二是对市场在全球环境治理中的地位未能充分重视。而市场作为全球环境治理过程中的重要环节，是不能忽视的。

最近十年，市场在全球环境治理过程中的作用在理论和实践中已经受到了越来越多的重视。理论上，市场是与国家、社会并列的力量，又是人类物质福祉的基本生产方式，而多种力量共同治理又是全球环境治理的题中应有之义。现实中，"许多环境破坏行为，如自然资源过度消耗、臭氧层耗竭和气候变化、海洋渔业资源过度捕捞、滥伐森林、越境转移废物和有毒有害物质等，大都是在全球市场力量的驱使下，由企业完成的"。① 而环境治理实践中，"对于如何解释现有环境治理无法应对环境问题这一现象，已经存在众多解释方案。而这些解释方案，大都来源于治理过程中全球政治经济与环境变化之间的互动……一切治理安排总要落实在如贸易模式、生产、金融、投资等经济活动中……将全球环境治理落实到市场之中，运用市场力量为环境问题提供解决方案已经是一个非常明显的趋势"。② 市场既是科学研究和政治决策的驱动因素，也是此两者的落实之地。因此，如果不将市场的力量纳入"全球环境治理过程"的分析环节中，既在理论层面上不符合全球治理的基本逻辑，又与经验现实不符。

经过上面的论述，本书得到的结论是：全球环境治理的过程是在科学、

---

① Andre Nollkaemper, "Responsibility of Transnational Corporations in International Environmental Law: Three Perspectives," in *Multilevel Governance of Global Environmental Change: Perspectives from Science, Sociology and the Law*, ed. Gerd Winter (Cambridge: Cambridge University Press), p. 180.

② Peter Newell, "Towards a Political Economy of Global Environmental Governance," in *Handbook of Global Environmental Politics*, ed. Peter Dauvergne (Cheltenham, UK and Northampton, MA, USA: Edward Elgar, 2005), pp. 187-189.

政治、市场三个环节的互动中表现出来的。每个环节自身都涉及国家、国际环境组织、国际环境非政府组织、科学机构、企业等全球环境治理主体的共同作用。如科学环节以政府间环境科学组织、民间组织层次中的独立科学机构及其跨国网络为主要构成要素，而各国政府、次国家政府、国际环境组织和企业均参与其中，力图对科学研究的过程与结论产生影响。[①]政治环节中，国家、政府间国际组织是最重要的行为体，但环境科学的相关研究对其影响很大，而非政府组织、企业则成为重要的压力集团。[②]企业和个体消费者是市场环节的主要构成主体，但受到国家、政府间国际组织、非政府组织在环保意识、消费习惯等方面的强烈规制，也受到科学机构在能力建设方面的影响。[③]而三个环节的不断互动则构成了全球环境治理的过程，即全球环境治理的实现方式。

（二）全球环境治理各环节之间的关系

既然"科学—政治—市场"构成了全球环境治理过程中的三个环节，那么就必须回答这三个环节之间的互动关系是什么，也即其理想互动模型的样式。

第一组互动关系存在于科学环节与政治环节之间。科学环节对政治环节的影响已经是非常显著的事实。理想的互动模式中，各环境大国、各治理主体之间就特定环境问题达成基本原则和政治共识，其基本前提是针对该环境问题的科学研究发现环境问题，在分析责任义务、威胁程度、治理成本等方面作出细致说明，并提出议程设置的要求。政治共识演变为较强政治意愿，也需要科学研究提供更为深化的环境恶化证据、发展成本更低

---

① See James Connelly and Graham Smith, *Politics and the Environment: From Theory to Practice* (London and New York: Routledge, 2001), pp. 183-216.

② See Sanjeev Khagram and Saleem H. Ali, "Transnational Transformations: From Government-centric Interstate Regimes to Cross-sectoral Multi-level Networks of Global Governance," in *The Crisis of Global Environmental Governance: Towards a New Political Economy of Sustainability*, ed. Jacob Park, Ken Conca, Matthias Finger (London and New York: Routledge, 2008), pp. 132-162.

③ See Darrell Whitman, "'Stakeholders' and the Politics of Environmental Policymaking," in *The Crisis of Global Environmental Governance: Towards a New Political Economy of Sustainability*, ed. Jacob Park, Ken Conca, Matthias Finger (London and New York: Routledge, 2008), pp. 162-192.

的环境保护技术、提出可行的适用治理方法等。[①] 可以认为，理想状态下，科学环节应当为政治环节中政治共识的形成提供议程设置、能力建设等诸多方面的要素。反过来，理想状态下，政治环节可以为科学环节建立国际环境科学研究机构，提供相应的跨国环境科学合作国际框架，并在国家间机制的框架下赋予跨国科学机构以适度的权威，使之可以独立进行研究并发布成果。[②]

　　第二组互动关系存在于政治环节和市场环节之间。政治环节对市场环节的影响方面，在政治环节中，各国、各类全球环境治理主体达成政治共识从而形成的国际环境机制，总是要在市场中加以落实。具体来看，有六个方面的因素应当加以分析。第一，"贸易、跨国公司的行为和金融流动对于环境资源使用的方式有着巨大的影响，为了达成一定的环境和社会目标，人们应当对其进行管制……全球环境治理应持续地建立旨在规制市场行为的国家间机制"。[③] 这些国家间机制不仅包括政治环节对市场的管制，也包括对市场动态的监视，如 CITES 和 UNFCCC 框架下对濒危野生动植物物种国际贸易数据的监测和温室气体排放的监测等。第二，政治环节中达成的国际环境资金机制，可以为有利于环境保护的市场行为提供资金支持，如官方发展援助、全球环境基金的资助、各主要环境公约的资金机制都可以在特定政治共识及其国际机制的框架下，对其鼓励的市场行为进行资金激励。第三，政治环节对市场环节进行影响和引导的另一个途径是建立某种市场框架。例如，在气候变化领域中，碳排放权交易、清洁发展等市场机制的建立为联合履约提供了市场基础，其基本的思想前提是"以市场制约市场"。第四，众多的环境政策市场化工具也是政治环节对市场环节进行影响与规制的途径。在相关环境公约的框架下，政治环节达成的具

---

①　See Lorraine Elliott, *The Global Politics of the Environment (Second Edition)* (New York: Palgrave Macmillan, 2004), pp. 114-116.

②　See Peter M. Hass, "Science and International Environmental Governance," in *Handbook of Global Environmental Politics*, ed. Peter Dauvergne (Cheltenham, UK and Northampton, MA, USA: Edward Elgar, 2005), pp. 383-402.

③　Peter Newell, "The Marketization of Global Environmental Governance: Manifestations and Implications," in *The Crisis of Global Environmental Governance: Towards a New Political Economy of Sustainability*, ed. Jacob Park, Ken Conca, Matthias Finger (London and New York: Routledge, 2008), p. 77.

有约束力的议定书、协议，经常是通过特定"环境政策市场化工具"[①]来实现的。目前欧美国家已经逐步开始征收的"碳税"便是其中一例。第五，政治环节可以达成相应国际机制支持先进适用技术的开发和推广，帮助企业等市场主体进行履约能力建设。[②]第六，政治环节中可以通过有计划的政治社会化进程，对个体消费者的生活方式、消费习惯进行引导，进而形成更为环保的社会行动模式。近年来在世界各地普遍出现的政府主导的低碳环保宣传便是一例。

市场环节对政治环节的影响同样非常显著。消费者和企业并非完全被动地接受政治环节作出的环境治理安排，而是会在政治环节针对市场作出的规制中进行寻利，甚至有可能突破这些规制。理想状态中，政治环节建立起一定的市场框架（如碳交易机制、清洁发展机制等）后，市场主体可以在其中有效获利，从而参与到环境保护行动中；市场主体遵循政治环节对市场作出的各类管制措施，对自身规则进行调整；[③]在各类环境政策和能力建设的驱动下，市场主体可以以更低的成本实践更高的环境保护标准，从而为政治环节取得更深入的政治共识提供经济基础。此外，市场环节可以在更严格的环境保护标准中形成更高水平的环保产业，为政治环节的进步提供经济利益，并发展新的环境保护技术。[④]当然，这些情况均是政治环节与市场环节的理想互动情形，其"重要前提是政治环节为市场环节搭建起适当的市场框架，使企业和消费者可以尽可能地降低环境保护成

---

① 环境政策市场化工具是公共政策领域的一个重要议题。环境政策是一个综合性的政策领域，在环境政策中，政策工具的选择与政策成败关系密切，恰当的政策工具可以使政策从失败走向成功。市场化工具作为一种新型的工具形态，具有成本节约以及激励的可持续性等优势，因而广受关注。可参见崔先维：《中国环境政策中的市场化工具问题研究》，博士学位论文，吉林大学，2010。

② See Marc Williams, "Knowledge and Global Environmental Policy," in *Handbook of Global Environmental Politics*, ed. Peter Dauvergne (Cheltenham, UK and Northampton, MA, USA: Edward Elgar, 2005), pp. 383-402.

③ See Fariborz Zelli, "The World Trade Organization: Free Trade and Its Environmental Impacts," in *Handbook of Globalization and the Environment*, ed. Khi V. Thai, Dianne Rahm, Jerrell D. Coggburn (Boca Raton, London, New York: Taylor & Francis Group, 2007), pp. 177-216.

④ See Andre Nollkaemper, "Responsibility of Transnational Corporations in International Environmental Law: Three Perspectives," in *Multilevel Governance of Global Environmental Change: Perspectives from Science, Sociology and the Law*, ed. Gerd Winter (Cambridge: Cambridge University Press), pp. 179-200.

本，甚或从中获利"。[①]

第三组互动关系存在于市场环节与科学环节之间。在理想的互动样式中，市场环节中的企业受到政治环节的规制限制后，科学环节可以帮助其开发环境保护适用技术并提供相关技术培训。[②] 科学环节的相关工作还可以对市场行为和数据进行比较中立的监控，并对其环境后果进行研究。反过来，在政治环节提供的市场规制下，市场主体不得不投入更高的环保成本，为尽量降低这一成本，市场环节可以为科学环节提供研究资金、推动科学研究的深入。

关于理想状态中各个治理环节的互动，尚有几点需要说明的问题。首先，如上文所述，各个环节内部都涉及几类治理主体的共同作用；而各个环节能够正常发挥自身功能，则需要其内部各类全球环境治理主体之间存在适当的结构。如科学环中各国政府应对各类科学机构进行适当放权，使其具有适当的独立地位，而不应对科学机构进行过度干涉，避免出现政治对科学的强加。又如政治环中政府间国际组织、非政府组织应有适当的权威，对个体国家的行为构成足够的压力和引导效应。其次，国际环境组织、国际环境非政府组织往往可以在各个环节间的互动中起到润滑剂的作用。"科学机构及其跨国网络提供的研究结果经过非政府组织的大力宣传，往往会推动政治共识达成、影响消费者选择；非政府组织提供的数据和观察也会推动科学研究的深化。"[③] 近年来，非政府组织发起了一些跨国环境保护运动，对于构建良好的环保社会意识具有显著意义。最后，三个环节间的互动是系统性的，存在显著的相互影响。政治环节对市场环节的规制，会促使后者对科学环节进行推动；市场环节对科学环节的资助，又会帮助其开发更新的环保技术，进而为政治共识的达成提供前提。

①　Mukul Sanwal, "Trends in Global Environmental Governance: The Emergence of Mutual Supportiveness Approach to Achieve Sustainable Development," in *Global Environmental Politics* 4 (4), Nov. 2004, pp. 16-22.

②　See Stacy D. VanDeveer, "Effectiveness, Capacity Development and International Environmental Cooperation," in *Handbook of Global Environmental Politics*, ed. Peter Dauvergne (Cheltenham, UK and Northampton, MA, USA: Edward Elgar, 2005), pp. 95-110.

③　Pamela S. Chasek, David L. Downie, Janet Welsh Brown, *Global Environmental Politics* (Boulder: Westview Press, 2010), pp. 99-100.

（三）"三环过程模型"的归纳及图示

实际上，全球和地区环境治理无外乎是在科学研究、政治、市场这三个相互影响的领域中进行的；而主权国家、次国家政府、政府间国际组织、跨国公司、非政府组织及其跨国网络、科学机构及其跨国网络这六种全球环境治理主体，则分别在上述三个领域中发挥作用、行使治理权威。笔者将这种互动关系称为"全球环境治理的三环过程模式"，如图2（见导论）所示。

这其中，第一环是科学环，科学家、工程技术人员、科学机构及其跨国网络在其中起到主导作用；第二环是政治环，国家、国际制度、国际组织在其中起主导作用，非政府组织及其跨国网络则在议程设置、公共决策、规范形成和监督执行等方面发挥重要影响；第三环是市场环，国家、跨国公司的力量在这里起主导作用，非政府组织则在消费习惯、环境评价和监督方面发挥重要影响。在三环之间，科学环向政治环提供议程设置和政策选项，并向市场环提供技术培训；市场环向政治环提供经济利益（如就业），并向科学环提供科研推动力；政治环则为市场环建立市场框架，并向科学环提供研究与测试的相关支持。由此，可以构建起全球环境治理的"三环过程模型"。这里不仅是强调科学、政治、市场三环间的合作，还要明确提出科学、政治、市场三环各自都是一个跨国网络，这三个跨国网络间的合作是三环模型的要点。而上述环境治理主体及其跨国网络则通过三环框架实现分工合作，在合作中形成对全球环境问题的有效治理。

需要着重说明的是，全球环境治理的过程往往受制于其结构，理想的结构是建立良好全球环境治理框架的前提。只有在良好的结构中，各类全球环境治理主体才能拥有充分的权威，正常发挥其功能。这也是各类治理主体建立良好互动关系的前提。同时，理想的结构对于治理过程中的政治环节达成全球环境政治共识，并以之达成具体的国际、跨国环境机制，具有基础性作用。其中，政治环又肩负着向科学环、市场环提供基本合作框架的功能。

二、科学环与政治环的互动缺陷及影响

在明确了全球环境治理三环过程模型的理想模式后，本部分将从实证的角度着重讨论现实全球环境治理过程中，政治环与科学环之间的互动存在的缺陷及其影响。从这一角度说明全球环境治理过程中存在的问题，证明其对"现有全球环境治理安排未能充分有效解决环境问题"这一现象的影响。

（一）政治环对科学环的强加

全球环境治理过程中，科学与政治的关系一直是备受关注的焦点性问题之一。这一方面是因为科学环的影响覆盖了环境问题的发现、责任划分、影响评估、解决方案等一系列影响政治共识凝聚的根本性问题；另一方面也是因为科学研究非常容易受到政治、经济利益的干扰，因而其研究成果经常带有鲜明的政治性，科学性却大打折扣。这对全球环境治理造成了负面影响。

为了分析这个现象，首先需要阐明"全球环境治理过程缺陷中政治环对科学环的强加"与"全球环境治理结构缺陷中国家权威过大而科学机构权威不足"之间的区别。本书第三章曾以《斯德哥尔摩公约》框架下对持久性有机污染物的认定过程为例，说明治理结构中国家权威过大造成的负面影响。在该案例中，持久性有机污染物认定委员会对持久性有机污染物的审定过程并未受到明显干扰，但是POPRC的审定结果必须经过缔约方大会才能成为公约某一附件的物质。这个案例实际上说明了，在全球环境治理中，作为一类治理主体的国家拥有过大的权威，而政府间国际组织中的科学研究部门的权威是从属于国家的，因而独立权威相对不足。[①] 但"全球环境治理过程"意义上的政治对科学的强加，则是指政治环在科学环进行研究的"过程"中施加影响，改变其客观研究的结果。由于科学研究的

---

① Stephen Peake, "Policymaking as Design in Complex Systems – The International Climate Change Regime," in *E:CO Issue* Vol. 12, No. 2 2010, pp. 15-22.

结论是国际环境责任义务划分、国际环境框架公约、具体履约议定书制定等关键问题的基本前提，因而全球环境治理中政治对科学的强加往往是非常多见的。[①]

在众多的环境治理领域中，全球气候治理实践过程中政治环对科学环的强加是比较典型的。下面，本书将以IPCC的相关工作为案例，详细分析这一问题。

长期以来，IPCC发布的研究报告在推动国际气候谈判取得共识、推动国际气候制度建设等方面起到了很大作用；IPCC已经公布的四次研究报告直接推动了《联合国气候变化框架公约》的签署、《京都议定书》的签订与生效、巴厘岛路线图的确立。[②] 更重要的是，IPCC报告对于全球气候治理一系列基本原则、目标、方法的确立有着至关重要的影响，如"各种温室气体浓度上升带来的全球升温后果，由此将带来的经济损失，可行的温室气体浓度水平，对应的成本等"。[③]

一般状态下，政治环是可以为科学环的建立和发挥作用奠定基础的。[④] 与其他环境治理领域的情况类似，全球气候治理的科学环以政府间科学研究机构、民间智库为主要行为体；其政治环则以各国中央政府、国际环境组织和制度为主要载体。IPCC作为政府间科学组织，便是在世界气象组织和联合国环境规划署的共同推动下建立的；其并不直接从事科学研究工作，而是对一定时期世界范围内科学机构和科学家个人关于全球气候变化的研究进行总结，从中编纂IPCC报告。"IPCC是一个政府间机构，向联合国环境规划署和世界气象组织的所有会员国开放……IPCC的活动经费，包括发展中国家和经济转型国家专家的差旅费等，均来自各国政府的

① See Thomas Koetz, Katharine N. Farrell, Peter Bridge Water, "Building Better Science-Policy Interface for International Governance: Assessing Potential within the Intergovernmental Platform for Biodiversity and Ecosystem Services," in *Int Environ Agreements*, 2012, 12 (1), pp. 1–21.

② Pamela S. Chasek, David L. Downie, Janet Welsh Brown, *Global Environmental Politics* (Boulder: Westview Press, 2010), pp. 179-189.

③ 庄贵阳、朱仙丽、赵行姝：《全球环境与气候治理》，浙江人民出版社，2009，第239页。

④ See Robert T. Watson, "Turning Science into Policy: Challenges and Experiences from Science-Policy Interface," in *Royal Society Publishing*, http://rstb.royalsocietypublishing.org.

自愿捐赠。"[①] 可以看到，全球气候治理领域中政治环是为科学环提供了基本政治框架的。

而在这个框架建立起来之后，政治环对科学环的强加却又时时可见。几乎可以认为，IPCC每一次报告——尤其是其"决策者摘要"部分所展示的"科学共识"的背后——都体现着一定的"政治共识"。IPCC每次报告的篇幅动辄达到上千页之巨，且专业性很强。一般的非专业研究人员，如政府官员、大众传媒、工业界领袖、社会意见领袖等，很少会读完整份报告，并且也不具备对报告中的数据和科学观点进行学理甄别的能力。因而，"决策者摘要"便成为整个IPCC报告中最具政治和社会影响力的部分。然而，"IPCC报告全文在相应工作组的全体会议上通过，但每份报告的'决策者摘要'部分则须经过各国政府的'逐行审批'通过。因此，'决策者摘要'代表各参与国的一致意见……其中有关气候变化原因和政策建议部分，更是政府评审争论中的焦点。一些业内专家认为，决策者摘要部分是整个IPCC报告中科学可信度最差的部分"。[②] 同时，每次IPCC报告的"综合报告"也要经过各国政府的"逐段审查"通过。[③]

最初，"政策制定者介入到决策者摘要的撰写中，其目的是为了让该文件在表述上更易懂、科学态度更明确——政策制定者需要的是科学上可信的结果，而非详细了解对事实的全部科学争论"。[④] 但由于决策者摘要对政治决策、责任划分、国际气候伦理原则、经济社会生活方式的影响非常明显，因而政策制定者对报告的科学结论也开始进行越来越多的修正。"我们（科学家们）撰写草稿，然后政策制定者们逐行审阅，改变其中的一些说法……他们不改动数据，只改动说法。奇怪的是，政府官员对科学报告的

[①]　IPCC官方网站：《政府间气候变化专门委员会（IPCC）介绍》，http://www.ipcc.ch/ pdf/ ipcc-faq /ipcc-introduction-ch.pdf。

[②]　庄贵阳、朱仙丽、赵行姝：《全球环境与气候治理》，浙江人民出版社，2009，第242页。

[③]　Alison Shaw, "Policy Relevant Scientific Information: The Co-Production of Objectivity and Relevance in the IPCC," in *Breslauer Symposium, University of California International and Area Studies, UC Berkeley*, http://escholarship.org/uc/item/0d81p739.

[④]　John Houghton, "An Overview of Intergovernmental Panel on Climate Change (IPCC) and Its Process of Science Assessment," in *Global Environmental Change*, ed. R. E. Hester, R. M. Harrison (Cambridge: Royal Society of Chemistry, 2002), p. 5.

内容享有最终决定权。"[1] 最为显著的现象是，在IPCC第四次评估报告编纂规则中明确规定，要根据经各国政府逐行审定过的决策者摘要修改报告正文，正文内容要与决策者摘要一致，[2] 即为了得到某个特定结论，而修改科学研究过程。

政治环对科学环的强加，对于全球气候治理产生了很多负面影响。IPCC报告的决策者摘要的内容涉及对气候变化及其影响的阐释、气候变化的原因、未来气候变化及其影响的预判、适应和减缓选择方案等诸多内容，对未来政策制定和国际环境谈判均有重大影响。若其科学性存在缺陷，将可能会引发一连串的连锁反应。[3] 例如，一些国家曾对于"专注于可持续发展的经济、社会和环境要素的发展路径，将可能（may）导致更少的温室气体排放"一句提出异议。一种意见认为应将"可能"改为"将会"（will），并在后面加上"在所有国家中"；另一种意见则认为应在"可能"后面加上"也可能不会"（or may not）。[4] 这样的改动将会导致IPCC报告的政策建议部分在编写中出现很多不同，进而在国际和国内两个层面影响政策进程。这种改动本身并不是科学的，而是政治的。环境政策建议一旦脱离科学基础，又将导致很大的误差。

一个非常显著的事实——2℃全球变暖控制目标的确定可以佐证政治环对科学环进行强加所造成的持续性后果。2℃作为基本控制目标是在哥本哈根会议上得到批准的。"我们一致认为，依照IPCC第四次评估报告所示，从科学角度出发，必须大幅减少全球碳排放，使全球温升幅度维持在2℃以下。"[5] 本书试图针对2℃这一控制目标进行分析。如此选择案例似乎是不可理解的。2℃这一控制目标难道不是科学家们的高度共识吗？答案

[1] Keith, "Shine of Reading University," in Reuters, 20 Dec, 1995，转自庄贵阳、朱仙丽、赵行姝：《全球环境与气候治理》，浙江人民出版社，2009，第243页。

[2] See Kevin Mooney, "UN Climate Summary Designed to Dupe, Critics Say," in *CNS News.com Staff Writer*, February 2007.

[3] See Beatrice Cointe, Paul-Alain Ravon, Emmanuel Guerin, "2℃ : The History of a Policy-Science Nexus," in *IDDRI Sciences Po. Working Paper*, Dec. 2011, www.iddri.org.

[4] Alison Shaw, "Policy Relevant Scientific Information: The Co-Production of Objectivity and Relevance in the IPCC," in *Breslauer Symposium, University of California International and Area Studies, UC Berkeley*, http://escholarship.org/uc/item/0d81p739.

[5] See "Copenhagen Accord", Article 2, http://unfccc.int/resource/docs/2009/cop15/eng/l07.pdf.

尽管很难令人相信，但事实的确是：与《哥本哈根协议》文本所说的不同，2℃这一提法不是科学家们提出的控制目标，甚至经过各国政府逐行审查的IPCC第四次报告（2007年）的"决策者摘要"中都没有将其作为控制目标。[①]IPCC报告一般只是给出各种温室气体排放情景可能造成的变暖后果，唯一可以为2℃这一控制目标提供线索的科学话语是，"气候变化可能导致一些不可逆转的影响。并且有中等可信度表明，如果全球平均温度增幅超过1.5℃—2.5℃（与1980—1999年相比），所评估的20%—30%的物种可能面临增大的灭绝风险"。但从语义的角度看，若将这样一个表述认定为IPCC将2℃作为控制目标，似乎太过牵强了。

实际上，2℃这一控制目标既不是完全的科学研究结论，也不是完全的政治共识，而是政治环针对一定的科学研究达成的政治妥协。纯粹从科学研究的角度来看，2℃的升温可能造成的后果同样是非常严重的。一些科学研究机构和小岛国集团的代表都曾在UNFCCC的第15次缔约方大会上提出将1.5℃作为控制目标，但无法达成政治共识。最终，政治妥协压倒了科学研究的结论，不顾科学研究一再表明2℃升温的严重后果，而将其作为控制目标，并在之后的坎昆、德班会议上将其逐步强化。"2℃这一目标在哥本哈根会议上得到认定，又在坎昆会议上再度被各国强调；这一目标现在已经成为全球气候治理的一部分……但科学家们从来没有明示或暗示'应将2℃作为控制目标'。2℃这个控制目标就好像是个一直在等待人们去发现的、不证自明的道理，不需要有科学研究为之负责，并且就在其来源不明的情况下存在了好几年"，[②]并且成为2009年后全球气候峰会在减缓方面的谈判目标之一。

不难看出，在哥本哈根会议上，政治环对科学环进行了强加——将2℃作为控制目标，并声称这是"从科学的角度出发"。已经有巨量的科学研究文献说明了2℃的升温会带来的严重环境、经济、社会后果。本书也无意对此进行深入的讨论，但换而言之，即便国际社会不打折扣地实现了

---

①　See IPCC, "Fourth Assessment Report: Climate Change 2007," http://www.ipcc.ch/publications_and_data/ar4/syr/zh/spm.html.

②　Beatrice Cointe, Paul-Alain Ravon, Emmanuel Guerin, "2℃: The History of a Policy-Science Nexus," in *IDDRI Sciences Po. Working Paper*, Dec. 2011, www.iddri.org.

2℃这一环境目标，其环境保护效果也必然是非常有限的。由此也不难看出，全球环境治理过程中政治环对科学环的强加所造成的负面影响。

（二）科学环对政治环的引导乏力

在全球环境治理领域的科学与政治关系中，与政治环对科学环的强加同样显著的另一个缺陷，是科学环对政治环进行引导时存在的缺陷。理想状态下，科学环可以为政治环提供议程设置、政策建议、环境目标等诸多政策制定要素，并有效引导政策制定。理想状态能够形成，并不是无条件的。科学环要能够及时发现、跟踪重大环境恶化问题，经过缜密研究提出相对统一的科学意见，而不要让政治环中的国家、国际组织、政治家和政策制定者们在极为专业的科学争论中去猜测和评估。[①] 更重要的是，这些要素应当是客观的科学研究结果，而不能掺有科学之外的利益考虑。并且，"科学家也应当更多地了解和融入（engage）环境政策决策，也应当更深入地理解国际环境制度是如何建立和运作的"。[②] 一旦科学研究的结果对政治环造成误导或与之沟通不畅，将会极大地提高政治共识的达成和履行成本，也会对全球环境治理本身造成负面影响。

从全球环境治理的现实来看，多数情况下科学环可以为政治环提供议程设置，并提出政策建议和目标。如上文提到的IPCC的四次评估报告对全球气候治理的推动作用，第三章中提及的英国科学家对北极臭氧空洞的观测对《蒙特利尔议定书》的推动作用等。并且，尽管争论是科学界的常态，但由于政治环为科学环搭建的基本框架使然，科学环一般是被要求提供相对统一的科学意见的。如《斯德哥尔摩公约》框架下的POPRC和联合国环境规划署与世界气象组织共同建立的IPCC，均被要求向相应的缔约方大会提供具有结论性的科学意见和政策建议。科学研究的客观性出现问题，主要还是由于政治环的干扰，上文已经对此进行过阐述。

---

① See Kathi K. Beratan, "Complexity and the Science-Policy Interface," in *Handbook of Globalization and the Environment*, ed. Khi V. Thai, Dianne Rahm, Jarrell D. Coggburn (Baca Raton, London New York: CRC Press, 2007), pp. 527-553.

② Marja Spierenburg, "Getting the Message Across: Biodiversity Science and Policy Interfaces – A Review," in *GAIA*, Feb. 2, 2012, pp. 125-134.

而在科学环与政治环的互动中，科学家对政治决策和全球环境治理过程方面的不熟悉，导致科学环对政治环进行引导时的乏力，则是这一组互动关系中的第二个缺陷。

环境科学的研究与政治环的需求相去甚远，进而无力引导各国达成有约束力的国际环境政治共识，这已经是全球环境治理中的一个相当普遍的现象。"政治家们能够当选，一般来看都不会是因其在环境保护方面作出过何种竞选承诺，而是因为他们许诺的经济、安全、健康等方面的前景。因此，如果我们（科学家们）希望提升环境保护在政治决策和公众视野中的重要性，我们（科学家们）就必须将环境保护议题同政治决策更关注的那些议题——经济、安全、健康——联系在一起。而这一点是我们做得不好的地方。"[①] 但科学家们经常做的，却是单纯地告诉政治环和公众：某种鸟类变得濒危，某种蝴蝶即将消失，又或者某种蛙类出现了变异。客观来看，这些信息或许能够激起片刻的思考，但却不是当代世界中政治家争取支持，以及促使他们达成国际共识的有力要素。

但这一困难并不是无法克服的。显然，政治家们更在乎经济、安全方面的利益，而非环境利益。但目前全球环境治理领域中最为成功的议题，如平流层臭氧层保护等，比较清晰地说明了科学环要具备哪些条件才能对政治环构成有力的引导，使之达成具体有力的国际环境机制。从科学环与政治环互动的角度看，为什么国际社会愿意采取共同行动，形成一系列比较严格的政治共识，限制臭氧消耗物质的生产和使用？首先，科学家们提供了非常坚实的科学证据，以证明臭氧层的消耗与人类行为的高度相关性；其次，科学家们反复强调臭氧消耗会导致地表受到的紫外线辐射大幅增加；最后，也是最关键的，科学家们拿出了相当多的证据证明，大量的紫外线辐射会导致浅肤色人种患黑色素瘤和皮肤癌的概率大大增加。[②] 如此，科学家们将原本不属于政治决策核心关切的环境问题，引入政治环和公众都极为关注的领域——健康。接下来发生的事情便是顺理成章的：公

①　Robert T. Watson, "Turning Science into Policy: Challenges and Experiences from Science-Policy Interface," *Royal Society Publishing*, http://rstb.royalsocietypublishing.org.

②　See David D. Kemp, *Global Environmental Issues: A Climatological Approach (Second Edition)* (London and New York: Rouledge, 1994), pp. 121-144.

众的广泛关注引发了强大的政治动力，在英国科学家确认了北极臭氧空洞的存在后，《蒙特利尔议定书》很快便签订了。①

生物多样性保护则显示了科学环对政治环引导的乏力。1995年的《全球生物多样性评估》（Global Biodiversity Assessment）是在1992年《生物多样性公约》签订后，"由于缔约方普遍提出缺乏生物多样性损失的相关资料，而由联合国环境规划署发起的一项研究。意在迅速建立起科学、技术和制度能力以提供关于生物多样性损失的相关科学信息。《全球生物多样性评估》由一个独立的委员会编纂，经过严格的同行评议，从全球视角分析有关生物多样性的理论与观点"。② 这份报告由来自50多个国家的300多位作者，构成13个编写组共同完成，包含了来自80多个国家的数百位各个学科研究者的研究成果。③ 这份研究报告在科学层面的水平得到了学界的普遍赞誉。

然而，这样一份高水平的科学研究报告，其对政治环的引导作用甚至不如臭氧层保护领域中的一些零散研究，几乎没有对政治环提供任何推动和督促的作用。④ 关于这一现象背后的原因，"臭氧层损耗、气候变化和生物多样性国际评估"主席、世界银行环境领域高级科学顾问、克林顿—戈尔政府的科学顾问罗伯特·沃森博士的研究值得深思。他提出，原因不难理解："一群世界上最优秀的科学家给出了《全球生物多样性评估》，但却丝毫没有考虑使用者（政府、私人部门、非政府组织）对相关信息的需求；此外，这个评估报告从筹备到完成，都没有与政治决策和社会公众保持沟通。"⑤ 言下之意，全球环境治理的科学环节如果只是闭门造车，只关注科

---

① See Pamela S. Chasek, David L. Downie, Janet Welsh Brown, *Global Environmental Politics* (Boulder: Westview Press, 2010), pp. 164-179.

② V. H. Hey Wood, "Global Biodiversity Assessment," http://ressources.ciheam.org/om/pdf/c23/CI011056.pdf.

③ See Robert T. Watson, "Turning Science into Policy: Challenges and Experiences from Science-Policy Interface," in *Royal Society Publishing*, http://rstb.royalsocietypublishing.org.

④ See Pamela S. Chasek, David L. Downie, Janet Welsh Brown, *Global Environmental Politics* (Boulder: Westview Press, 2010), pp. 226-235; S. A. Mitchell, C. M. Breen, "The Role of Research in Informing the Governance Process of the Use of Ecosystem Resources," in *Water Policy 9 Supplement 2*, 2007, pp. 169-189.

⑤ Robert T. Watson, "Turning Science into Policy: Challenges and Experiences from Science-Policy Interface," *Royal Society Publishing*, http://rstb.royalsocietypublishing.org.

学问题，而不充分考虑自己的研究如何对政治决策和社会意识产生影响，是无法赢得政治关注、进入国际政治议题的，也无法获得社会公众的关注，从而引发对政治环中国际政治议程的压力。

在《全球生物多样性评估》之后的《千年生态系统评估》（Millennium Ecosystem Assessment, MA），则着力在与政治环加强沟通方面作出了调整。《千年生态系统评估》开始于2001年，最初是一个"非政府过程"，但却与几个政府间机制保持了非常密切的联系——如《生物多样性公约》《濒危野生动植物种国际贸易公约》《联合国防治荒漠化公约》《湿地公约》，同时经过科学界的同行评审和政策制定者的建议，并拥有一个包括了科学界、私人部门和非政府组织的"委员会"（Multi-Stakeholder of Board of Directors）。① 凡此种种，保证了《千年生态系统评估》作为一项科学议程，与政治环保持了相当多的联系。遗憾的是，《千年生态系统评估》在将环境议题转换为政治家与公众更为关心的问题——如经济发展等——方面，做得依然不足。"科学家们自己也承认他们发出的关于保护生物多样性的警告和那些要求采取紧急行动的建议，看上去并不那么紧急。"② 实际上，这很大程度上正是源于科学环对政治环提出的议程设置要求和政策建议，并不能在政治过程真正关注的那些议题上展示出来。

类似的问题在海洋环境保护、有毒有害物质控制方面都有体现。科学环对政治环的引导乏力，在"全球环境治理过程"中构成了政治环—科学环关系的第二个缺陷，并对全球环境治理造成了显著的负面影响。

三、政治环与市场环的互动缺陷及影响

政治环与市场环的互动，是全球环境治理过程中的第二组关系。市场是当代世界中的一个基础性力量，全球环境治理一旦脱离市场的支持，便会变成无源之水；若是违背了市场的力量，对其进行反规律的管制，则几

---

① Marja Spierenburg, "Getting the Message Across: Biodiversity Science and Policy Interfaces – A Review," *GA/A*, Feb. 2, 2012, pp. 125-134.

② See Marja Spierenburg, "Getting the Message Across: Biodiversity Science and Policy Interfaces – A Review," *GA/A*, Feb. 2, 2012, pp. 125-134.

无胜算。[①] 本部分将讨论实践中政治环与市场环之间存在的互动缺陷。从这个角度说明，全球环境治理的过程对于治理安排能否有效治理环境问题所产生的影响。

（一）政治环对市场环管理不当

从全球环境治理的现实来看，政治环所达成的全球环境治理安排一般都要面对社会经济生活的考验。"尽管目前学者们越来越多地将管理全球环境变化的方法寄托于国际机制，并试图以之应对全球环境危机，但关于国际环境机制的研究无论如何不能脱离对全球政治—经济及其环境意义的理解。"[②]

政治环对市场环进行适当管控，其理想状态包括两个核心要素。一是政治环为市场环搭建起适当的（跨国性）市场框架，使企业与消费者可以在这个框架中支付环保成本，也获得一定的经济利益。这也是这组关系能否有效率的关键。如此，才能为达成更有约束力的环境政治共识提供支持。这也是市场化环境政策工具的初衷。在此基础上，政治环中的国家、国际组织、国际制度、非政府组织有责任调整"制度互动"（Institutional Interaction），[③] 使诸如世贸组织、世界银行等重要国际组织的行为与国际环境制度的要求相协调。从实践出发，世界经济、贸易等领域中的重要国际安排也应当得到调整，使其行为不至于与全球环境治理明显相悖。二是政治环还可以通过一定的"政治社会化"进程，唤起个体消费者的环境意识，改变消费习惯，甚至重新定义国家利益。当然，这组互动关系还涉及很多

[①]　See Julian Saurin, "Global Environmental Crisis as 'Disaster Triumphant': The Private Capture of Public Goods," *Environmental Politics* September, 2010, 10 (4): pp. 63-84.

[②]　Peter Newell, "The Marketization of Global Environmental Governance: Manifestation and Implications," in *The Crisis of Global Environmental Governance: Toward a New Political Economy of Sustainability*, ed. Jacob Park, Ken Conca, Matthias Finger (London and New York, 2008), p. 77.

[③]　See G. Kristin Rosendal, "The Convention on Biological Diversity: Tensions with the WTO TRIPS Agreement over Access to Genetic Resources and the Sharing of Benefits," in *Institution Interaction in Global Environmental Governance: Synergy and Conflict among International and EU Policies*, ed. Sebastian Oberthur, Thomas Gehring (Cambridge, Massachusetts, London, England: MIT Press, 2006), pp. 79-103.

先进适用环保技术不断进入市场的影响，[①] 本章第四部分会在科学环与市场环的互动中对此进行讨论。

1. 政治环未能为市场环搭建适当市场框架

关于政治环未能为市场环搭建适当（跨国性）市场框架的问题。现实中比较明显的情况是，"很多证据显示了经济政策与环境政策之间缺乏一致性，人们并没有将环境目标融入主流经济、贸易和发展政策之中，导致这些政策实际上系统地破坏了环境政策的成绩，使其变得无效"。[②] 一些理论家甚至将全球环境治理的政治环与市场环之间的互动形容为"聋人之间的对话"。[③] 这个问题又表现为两方面：一方面，一些全球环境治理安排片面强调国家间机制，片面强调通过自上而下的方式通过"国际环境条约—国家环境立法"的途径加以落实，而忽视适当市场机制的建立。但任何条约、法律不可能毫无漏洞，而资本的逐利本性决定了其必然无孔不入，因而这种方式对市场的规制往往效率不高。另一方面，一些全球环境治理安排，与世界经济、贸易领域的国际制度不相协调，致使环境领域的努力很快便被世界市场淹没。

《巴塞尔公约》作为有害废物跨境转移管控的核心，比较显著地说明片面依靠"国际环境条约—国家环境立法"对市场行为进行管制，而忽视适当市场框架的建立所造成的负面影响。

在《巴塞尔公约》框架下，缔约方各自进行国内环境立法，发达国家应着力禁止有害废物出口，而发展中国家则应健全有害废物进口的管制措施。《巴塞尔公约》并没有提供一个有效的市场机制，使发达国家有害废物的就地处置变得有利可图，或是使有害废物向发展中国家转移的行为变

---

① See Peter Hass, "Science and International Environmental Governance," in *Handbook of Global Environmental Politics,* ed. Peter Dauvergne (Cheltenham, UK and Northampton, MA, USA: Edward Elgar, 2005), pp. 283-402.

② Peter Newell, "The Marketization of Global Environmental Governance: Manifestation and Implications," in *The Crisis of Global Environmental Governance: Toward a New Political Economy of Sustainability*, ed. Jacob Park, Ken Conca, Matthias Finger (London and New York, 2008), p. 77.

③ Peter Newell, "Globalization and Sustainable Development: A Dialogue of the Deaf?" in *International Review for Environmental Strategies*, 2002, 3, pp. 41-52.

得成本很高。① 而资本的逐利本性决定其必然"专找国际条约漏洞"。② 现实中，在商业利益驱使下，人们经常设法给有害废物披上"合法"外衣使之进入发展中国家。以中国的情况为例，中国政府对不可用作原料的固体废物禁止进口，对可用作原料的固体废物实行目录管理，限制进口。③ 但"'洋垃圾'输入者总是会变着法用其他名字，如废纸等名称来报关。进关后，船运公司是不可能打开它的柜子来看的，这些都是海关的事情，他们会抽查。如果他们没有抽查到，那这些垃圾就顺利进关了"。④ 在这些废物当中，电子垃圾已经成为许多发展中国家最为棘手的环境问题。

现实中，发达国家与发展中国家之间存在的有害废物非法越境转移，是受到了巨大商业利益驱使的。实际上，废物处理早已成为全球性的高价值产业。单是发达国家城市垃圾和工业垃圾，其市场规模就已经达到约2700亿美元。单纯依靠"国际环境条约—国内环境立法"的方式，对蕴含巨大利益的废物贸易进行管制，这些条约、法律必然被巨大的商业利益突破得千疮百孔。如果不将废物跨境转移管制与市场结合在一起，以市场的方式对废物贸易加以疏导，是很难起到有效环境治理的作用的。

实际上，为全球环境政治共识提供市场框架，从根本上说即是为环境资源和环保行为赋以经济价值。温室气体排放空间、有毒有害废物处置、生物多元性资源（包括基因资源）、海洋环境资源、大气环境资源均有赋值可能。政治环若能提供适当市场框架，建立资金机制以负担部分环保成本，将会为全球环境治理走出一条新路。然而，现实中此类市场框架并不多见；在此方面，国际社会尚有较长的路要走。

---

① See David Leonard Downie, Jonathan Krueger, and Henrik, "Global Policy for Hazardous Chemicals," in *The Global Environment: Institutions, Law, and Policy (Second Edition)*, ed. Norman J. Vig, Regina S. Axelrod (Washington D.C.: CQ Press, 2005), pp. 125-146; Lilian Yap, "The Basel Convention and Global Environment (Non)Governance: Trasformismo and the Case of Electronic Wastes," in *Undercurrent*, Vol.3, No. 1, 2006, pp. 23-33.

② 萧邈、洪其华、王侇:《"洋垃圾"背后的商业利益——专找国际条约漏洞》,《第一财经日报》2007年1月25日，第A01版。

③ See Basel Convention Coordinating Centre for Asia and the Pacific, http://ch.bcrc.cn /column. jsp?id=1256805408531&current=1.

④ 萧邈、洪其华、王侇:《"洋垃圾"背后的商业利益——专找国际条约漏洞》,《第一财经日报》2007年1月25日，第A01版。

此外，即便全球环境治理过程中，政治环为市场环搭建起了一定的市场框架，也还存在着全球环境治理与其他领域国际制度不相协调，导致环境治理努力付诸东流的现象。例如，"世界银行贷款支持的传统能源项目几乎达到其资助新能源项目的25倍"。[①] 类似的问题在《巴塞尔公约》、CITES与世贸组织规则之间同样广泛存在。一旦国际环境机制与国际经济规则出现不协调的情形，全球环境治理的努力经常会被后者迅速淹没。[②]

2. 政治环未能有效进行政治社会化

政治环向市场环提供"政治社会化"的过程是政治环对市场环进行管控的第二个重要方式。这个过程意在将业已形成的国际环境政治共识渗入市场环，改变消费习惯，塑造环境友好型的市场。在将环境信息和环境保护政策推向社会方面，政治环中的主要治理主体——国家、次国家政府负有主要责任；非政府组织在参与政治环运行的同时，也可以承担类似责任。在这些主体中，国家一般会优先考虑经济、安全利益，因而其主动提高经济运行环境成本的动机不强。而出于全球环境治理结构中国家主体权威独大的原因，非政府组织不得不将更多的精力投入到影响政策当中，对社会消费习惯和企业行为进行规制、引导的精力则相对有限。

"地球一小时"运动是比较典型的政治环针对市场环发起的"政治社会化"过程之一。该运动的实际减排效果颇有争议，但单就非政府组织WWF将全球环境政治共识转换为普遍的能源消费行为来看，该运动无疑是成功的。假以时日，这种短时的能源消费行为将可能成为一种新的消费习惯。本书第三章提及的象牙贸易问题，政治环则几乎没有采取适当政治社会化措施，对企业和消费者进行引导。迄今，对于东亚象牙的市场消费行为，[③] 在日常生活中很少能见到由政府、非政府组织主导的环境政策宣

---

① Peter Newell, "The Marketization of Global Environmental Governance: Manifestations and Implications," in *The Crisis of Global Environmental Governance*, ed. Jacob Park, Ken Conca, Matthias Finger (New York: Routledge, 2008), p. 78.

② See Alice Palmer, Beatrice Chaytor, Jacob Werksman, "Interactions between the World Trade Organization and International Environmental Regimes," in *Institutional Interaction in Global Environmental Governance: Synergy and Conflict among International and EU Policies*, ed. Sebastian Oberthur, Thomas Gehring (Massachusetts and London: MIT Press, 2006), pp. 181-205.

③ 东亚是国际象牙贸易的首要市场。

传，以及对市场消费行为的引导。而科学环提供的信息，又反复地集中在非洲大象种群的濒危趋势，很少与政治决策的中心议题，如经济、安全、健康等结合在一起；这也造成政治环缺乏推进全球环境政治共识社会化进程的动机。因此，东亚市场对于象牙的消费习惯，并没有显著受到已有全球环境共识（主要是CITES）社会化进程的渗透和引导。政治环由此丧失了对市场环进行规制的一个有力工具。

由此，政治环未能为市场环构建适当市场机制、通过一定的政治社会化过程落实全球环境政治共识，构成了政治环与市场环互动中的第一个缺陷。

（二）市场环对政治环支持不足

企业和个体消费者是市场环的主要行为体，在适当的市场框架下，市场环可以向政治环提供经济利益，进而推动政治环达成更进一步的全球环境政治共识。例如，《京都议定书》建立的碳交易机制、清洁发展机制，为市场提供了一种可以通过减排获得一定经济利益的市场框架；反过来，市场环对政治环也贡献了支持作用：碳交易和清洁发展机制市场的繁荣，为《京都议定书》在没有美国参加的情况下得以生效，并度过了第一承诺期起到了很大推动作用。① 具体来看，清洁发展机制为发展中国家参与议定书提供了经济动力，也为发达国家企业找到了低成本减排的路径；② 碳交易机制在附件一国家间实施项目级合作，为经济转型国家实际减排量找到了国际市场，③ 通过出售减排量为减排行动提供了实际利益驱动。市场力量的支持，是《京都议定书》得以度过第一承诺期的重要因素。

当然，市场环向政治环提供支持，其基本前提是政治环要为市场环建立一个总体上可行的市场框架。全球环境治理只有充分利用、疏导市场的

---

① See Jon Hovi, Tora Skodvin, Steinar Andresen, "The Persistence of the Kyoto Protocol: Why Other Annex I Countries Move on Without the United States," *Global Environmental Politics* 3 (4), November 2003, pp. 1-23.

② Charlotte Streck, Jolene Lin, "Making Markets Works: A Review of CDM Performance and the Need for Reform," *The European Journal of International Law*, Vol. 19, No. 2, pp. 409-442.

③ Jan-Peter Voß, "Innovation Processes in Governance: The Development of 'Emission Trading' as a New Policy Instrument," *Science and Public Policy*, 34(5), June 2007, pp. 329-343.

逐利本性，才能获得市场的支持。但是，在当前的全球环境治理实务中，这样的市场框架并不多见，且全球环境治理与经济、贸易领域的国际制度经常不相协调。在这样的背景下，市场环对政治环支持不足，是不难理解的。现实中，市场环对政治环中形成的全球环境政治共识的突破甚或破坏，可谓比比皆是。CITES 象牙贸易禁令下，非洲野生大象种群数量持续迅速降低，[①] 象牙走私贸易在东亚地区的繁盛已经是公开的秘密；《巴塞尔公约》运行二十年，废物国际贸易——尤其是废物走私——有增无减；全球气候治理的努力在市场力量面前裹足不前；海洋生物资源的耗竭与市场驱动下的过度捕捞存在着必然联系。

全球环境治理缺乏有效的市场框架，将导致市场环不能为政治环提供经济支撑，进而也不能促进政治环不断取得新的全球环境政治共识，是这组互动关系中的第二个缺陷。

四、市场环与科学环的互动缺陷及影响

市场环与科学环之间的互动，是全球环境治理过程中的第三组互动关系。理想状态下，为降低环境保护成本，市场环经常需要支持科学环对先进适用环保技术进行研究、推广，并配合推动能力建设。这也必然要求市场环为科学环提供相应的资金支持。科学环则要有能力为市场环提供相应技术和培训，帮助市场环进行国际环境条约履约能力建设；也可以引导市场，塑造亲环境的市场氛围。当然，同上面两组互动关系一样，政府间国际组织、非政府组织可以为这两个环节之间的良性互动提供润滑剂。市场环对科学环的资助，经常以政府间国际组织和非政府组织为中介；科学环对市场环提供的引导和培训，也经常通过政府间国际组织和非政府组织来进行。但需要有适当的全球环境治理结构，非政府组织发挥作用才会具有充分的权威。同时，政治环能否为市场环和科学环的互动提供一个政治—政策框架，也是决定这组互动关系能否顺畅的重要变量。在实际的互动

---

① 杨雄：《象牙走私黑洞》，《南都周刊》2012年第38期，转自 http://www.nbweekly.com/news/china/ 201209/31336.aspx。

中，这组关系同样面对很多困难，存在一些缺陷，进而构成全球环境治理过程不畅的第三个要素。

（一）市场环对科学环支持不足

在一定的市场框架下，市场对于环境保护技术的需求造就了市场环对科学环的支持。任何市场都不可能在环境资源耗竭的情况下实现自我发展；从长期来看，市场是需要先进环境保护技术来对自身发展加以保护的。由此，在全球环境治理领域中，市场环在技术使用与推广、技术开发、项目方面对科学环进行支持是完全可能的。但这种支持必然意味着市场主体要因此付出成本，逐利本性决定这是任何市场主体都不情愿的。这便需要政治环提供一定的市场框架，即需要政治环达成一定的政治共识，建立特定的（跨国性）市场、资金、技术转让机制，促使市场环有足够的意愿付出成本，支持科学环的工作。

尽管困难重重，也依然可以在地区与国家的层面上找到一些取得了一定成绩的案例来支持上述阐释。中国风电行业的发展便是一例。全球气候变化和全球气候治理的现实要求发展中国家，尤其是新兴大国应当进行自主减排。在这一基本政治共识的背景下，"中国现在已经成为新型可再生能源投资的世界级引领者，并且拥有世界上最大规模的风力发电能力"。[1] 应当看到，中国的风力发电最初是依靠欧洲技术起步的，随后逐步获得了自主知识产权；这其中的风电技术开发与投资成本则主要来自华锐、金丰、东方等风电企业。从这个案例中，可以看到全球气候治理的政治共识、跨国技术转让等基本要素的作用。在此基础上，市场环的主要行为体——企业付出了相当多的技术开发成本，支持了中国风电技术的快速发展。此外，德国的核能与风电、生物能源技术发展，西班牙、印度、日本的光伏技术发展，[2] 也都验证了在促使市场环支持科学环进行环保技术研究方面，政治环及其全球环境政治共识、政策机制有其必要性。

---

[1] REN21, *Renewables 2011 Global Status Report*, Paris, 2011, www.ren21.net/globalstatusreport/g2011.

[2] See Martin Janicke, "Dynamic Governance of Clean-energy Markets: How Technical Innovation Could Accelerate Climate Policy," *Journal of Cleaner Production*, 22, 2012, pp. 50-59.

　　然而，由于全球环境治理在结构方面的不足，政治环在达成有力政治共识、形成有约束力的国际环境条约、建立跨国资金、技术转让机制方面，经常陷入困境。市场环对科学环的支持也因此经常显得比较乏力。例如，市场对于一些有毒化学品的依赖是有着深刻的成本考量的。对于市场来说，与其自己付出高昂成本开发一种全新的替代物质，不如影响政治决策以暂缓某种物质列入《斯德哥尔摩公约》附件。毕竟，前一个选项看起来遥遥无期，而后一个选项则非常现实。类似的问题在全球气候治理、《巴塞尔公约》等领域比比皆是。再如，《巴塞尔公约》对跨境废物贸易进行管控，但一些可作为再利用原料的废物，如废塑料，却没有受到严厉控制，很多发展中国家允许其入境。究其原因，无外乎发达国家产生的废塑料价格远低于发展中国家在本地生产的合成树脂，因而被当作了重要的生产原料。实际上，这严重阻碍了发展中国家的原料生产企业资助科学环进行生产技术研究。

　　市场环不能为科学环提供支持，必然会迟滞环境保护技术的发展，而环境保护技术方面的"欠账"，也必然会阻碍政治环达成更具约束力的全球环境政治共识。市场环对科学环的支持乏力，构成了这组互动关系中的第一个缺陷。

（二）科学环对市场环支持引导不足

　　全球环境治理过程中，科学环对市场环的支持和引导主要体现在先进适用环保技术的开发与应用培训方面。在这方面，在全球气候治理领域中，已经可以在地区和国家层面上找到一些与新能源技术开发有关的成功案例。而从这些案例中，又可以看到科学环对市场环进行有益引导的必要条件：[①] 首先，更有利于环境保护的技术，同时还应当是更有利于长期经济发展的。市场需要的是既能满足环境要求，也能满足现代化要求的技

---

　　① See Martin Janicke, "Dynamic Governance of Clean-energy Markets: How Technical Innovation Could Accelerate Climate Policy," *Journal of Cleaner Production*, 22, 2012, pp. 50-59.

术。① 其次，市场环要对科学环进行充分的支持。环境保护技术必须面向市场，尤其是要面向工业界，离开了市场的支持，环境保护技术便毫无用武之地。市场在某个环境保护技术中获益后，能否继续支持科学环进行继续研究（Secondary Innovation）并加以推广则是关键。最后，政治环要给予科学环以一定程度的支持。环境保护技术的应用，通常是要增加企业和消费者的经济成本，这就需要政治环提供一定的市场框架，对环境保护技术的推广给予一定的政策（包括知识产权政策）和资金支持。②

尽管受到上述条件的限制，在全球层面的环境治理中仍可以找到一些成功的范例。《蒙特利尔议定书》框架中臭氧层消耗物质的淘汰、《斯德哥尔摩公约》框架下对"已死亡的化学品"的管控和淘汰、全球气候治理背景下全球新能源市场的广泛兴起等，均是在政治环所提供的一定政策和资金支持下，将科学环所提供的技术解决方案加以推广，从而实现了科学环对市场环的支持和引导的例证。

然而，由于前述诸多条件的限制，即便是在一些相对成功的案例中，这组互动关系中仍然存在非常广泛的不足。如《京都议定书》第一承诺期虽然提出了量化减排指标和三个灵活机制等政治框架，但由于减排指标本身的步步倒退和"热空气"等问题，市场对先进减排技术的需求仍然相对不足。实际上，在一些发展中国家，因现有产能相对落后，实现减排的成本相对较低，通过一些现有的简单技术便可实现；而发达国家又可以通过碳交易、清洁发展等机制实现海外（即在发展中国家）减排。在这种背景下，科学环中形成的一些针对已有先进技术的进一步革新便显得缺乏激励机制。这些在已有先进技术基础上形成的更新技术，实际上恰恰是长期减排所必需的。在这样的条件下，科学环对市场环的引导也出现了困难，造成长期环境保护的不力。

《斯德哥尔摩公约》框架下对"活着的化学品"的管制也存在类似问

---

① Martin Janicke, K. Jacob, *Environmental Governance in Global Perspective – New Approaches to Ecological Modernisation (Second Edition)* (Berlin: Forschungsstelle Fur Umweltpolitik, Freie Universitat, 2007); Martin Janicke, St. Lindemann, "Governing Environmental Innovations," *Environmental Politics*, 2010, Vol. 19, No. 1, pp. 127-141.

② N. Jonstone ed., *Environmental Policy and Corporate Behaviour* (Cheltenham and Northampton: Edgar Publishing, 2007); OECD, *Towards Green Growth Paris*, 2011.

题。一些有毒化学品在工农业生产中仍在广泛使用，但其对环境和人类健康的威胁也已受到广泛关注。单纯依靠法律禁止使用相关物质，一方面将大幅度提高市场承担的成本，另一方面有可能使相关法规的权威受到损害，这也是全球环境治理格外强调"能力建设"的原因之一。显然，除非能够找到成本足够低廉的替代物质，市场是很难摆脱对这些有毒化学品的依赖的。这便需要科学环对市场环提供支持。目前来看，《斯德哥尔摩公约》框架内，发达国家对发展中国家进行替代物质、技术的开发缺乏有效的资金支持和国际技术转让框架，发展中国家履约能力建设相对不足。作为有毒化学品肆虐的重灾区，发展中国家在履约过程中缺乏替代物质和技术；科学环对市场环的支持严重不足，无法帮助市场环摆脱对有毒化学品的依赖。当然，这里依然可以观察到政治环本身存在的问题——超国家层次和全球民间组织层次的治理主体权威不足，无法平衡国家片面追求个体利益、经济利益的冲动。科学环对市场环的支持不足，构成了这组互动关系中的第二个缺陷。

当然，全球环境治理的"三环过程模型"是一个整体，本章所论及的三组互动关系绝非相互割裂的三个独立现象，而是整体中的部分。政治环与科学环的互动会受到市场环与政治环、科学环之间互动情形的影响，其他两组互动关系也如是。例如，政治环能否为市场环搭建起适当的市场框架直接关系到市场环是否愿意付出成本支持科学环的技术研究。同时，三环之间的互动也不是"空对空"的，而是需要一定载体的。国际环境组织及其跨国工作网络、国际环境非政府组织及其跨国网络在很大程度上可以扮演这样的角色，但这又需要这些非国家治理主体在相应的功能领域中拥有适当的权威。

本章对"全球环境治理的过程缺陷及其影响"进行了分项阐释，并以之论证了"全球环境治理过程方面的缺陷是导致现有全球环境治理安排未能充分有效治理全球环境问题的原因之一"这一观点。通过本章的论证，可以得出结论：现有全球环境治理安排在"三环过程"中的缺陷，是导致其不能有效应对全球环境问题的第三个变量。其与第三章论证过的另外两个结构方面的变量——治理主体间权威分配、国家"跨国转型"，一同构成了导致"现有全球环境治理安排未能充分有效应对全球环境问题"的三个核心变量。

第五章 对结构与过程分析框架的归纳验证：以全球气候治理为案例

在分项论证的基础上，本章意在将全球环境治理结构与过程所包含的三个变量综合起来，将它们归纳为一个整体性的分析框架，从而建立起"全球环境治理的效能分布模型"。对于这样一个综合了上述三个变量的分析模型，本章将以全球气候治理为案例，对其加以验证，也即对结构与过程分析框架进行归纳验证。

选择全球气候治理对本书建立的分析框架进行综合验证，并不完全是因为其在全球环境治理事务中的显著重要性，而是出于若干学理方面的考虑。第一，气候变化是非常典型的"全球性"环境问题，全球气候治理则具有典型的"全球公物"性质。这与本书要解释的问题是高度契合的。第二，全球气候治理实践已经在《联合国气候变化框架公约》的框架内达成了一系列具体国际条约、协议、议定书，是本书的典型研究对象。第三，全球气候治理实践涉及多种治理主体，且主体间权威分配和互动过程高度复杂，这恰恰提供了可供验证本书分析框架的素材。第四，全球气候治理涉及变量较多，变量控制难度较大，若能以之证明本书提出的分析框架，则该框架会具有较强的说服力。

一、全球环境治理结构与过程分析框架的归纳

本部分将在前文的基础上，对全球环境治理结构与过程两方面涉及的三个变量进行归纳，从中建立"全球环境治理的效能分布模型"。这既是对此前各章，尤其是第三、四章内容的理论总结，也是本书对"为何现有全球环境治理安排不能有效应对全球环境问题"这一现象的回应。

（一）结构与过程的影响及其关系

本书导论中曾强调，本书的研究对象是"现有的全球环境治理安排"。本书站在全球环境治理的结构与过程的角度，分析"已有的国际安排"，即国家达成相关合作安排之后，为什么这些安排没能有效阻止环境恶化，而并非要研究为何国际社会在一些环境领域中无法达成合作。本书对该问题的解释是现有全球环境治理安排在结构与过程方面的缺陷导致其未能充分有效应对全球环境问题。这里涉及两个结构变量，即治理主体间的权威分配和国家跨国转型，以及一个过程变量，即全球环境治理的"三环过程"。

治理主体间的权威分配，直接关系到各类治理主体能否完整地履行其治理功能，而这又直接影响非国家治理主体能否有效平衡国家忽视环境利益，片面追求经济、安全利益的冲动。国家的"跨国转型"，则关系到全球环境治理中次国家政府能否发挥其应有作用、国家间环境立法司法合作能否有效开展。全球环境治理的"三环过程"是否完善，又直接影响着全球环境治理安排是否能够真正落实。这里，需要着力说明这三个变量之间的关系。

这三个变量之间并非相互隔绝，而是相互影响的。首先，各类治理主体之间的权威分配，必然会影响他们的互动过程。从现实来看，全球环境治理中国家的权威独大，已经导致在已有的环境治理框架中，国际环境组织和国际制度、国际环境非政府组织和科学研究机构缺乏授权，少有全球环境治理的独立权威，未能充分履行其治理功能，而更多的是在其能力范畴内对国家施加压力，扮演"压力集团"的角色。它们一再敦促、建议、发表研究报告、提供环境数据、起草国际环境文件、发起并参加国际环境会议，其目的是影响国家政治决策，影响国际环境议程，但一切事项的最终决定权仍然属于国家。在国际环境公约框架内，缔约方大会的权威是不可替代的。这种权威分配图景反映到全球环境治理的"三环过程"中，产生了两方面的影响。

一是科学环经常受到政治环的干扰，其研究成果无法转变为实际全球环境治理行动。从前文的分析来看，《斯德哥尔摩公约》框架内POPRC对持久性有机污染物的科学评审结果并不能直接列入公约附件，而是必须通过缔约方大会的决议；IPCC科学评估报告的"决策者摘要"必须经过各国政府的"逐行审议"，甚至其第四次科学评估必须先提交"决策者摘要"，并根据各国政府逐行审议过的版本来撰写科学评估报告正文。这些现象看似发生在一定的国际环境制度框架内，应属于政治环本身的范畴，但科学环本身也包括了政府间科学机构和研究项目、民间科学机构及其跨国网络等。在全球环境治理的过程层面，POPRC和IPCC的科学环归属应当是没有异议的，而这两个案例中的各国政府和缔约方大会，其政治环归属也毋庸置疑。由此，不难从中看出，全球环境治理结构层面内国家权威的独大状态，导致了过程层面政治环与科学环之间的互动缺陷。

二是各治理环节之间的互动缺乏"润滑"。科学环发现的全球性环境问题及对其成因、性质、影响、责任划分的研究需要演变为相应的全球环境政治共识，其对市场环提供的技术支持和相关培训也需要畅通的渠道；政治环形成的全球环境政治共识及相应的国际环境公约、议定书、协议又需要为市场所接受，并需要深入的政治社会化过程；市场对科学环的需求和资金支持总要通过一定的途径和程序方能落实。各个环节间的种种互动，都需要有适当的载体。国际环境组织及其跨国工作网络，如UNEP的各区域中心、有毒有害物质三公约各区域中心和国家履约机构等，可以成为三环之间的重要联络载体。国际环境非政府组织及其跨国网络、全球民间组织层次中的跨国科学网络等社会组织，同样可以在三环中起到润滑作用。然而，国际环境组织缺乏独立、适当的授权和权威；国际环境非政府组织受制于全球民间组织的发育水平，同样缺乏权威，两者在这方面发挥的作用实际比较有限。

其次，全球环境治理过程的顺畅与否，也会影响结构的调整。非国家治理主体获得权威的方式，除了国家授予以外，也要依靠其自身在某个特定领域进行持续不断的有益行为。而在全球环境治理的过程中，恰恰需要国际环境组织、国际环境非政府组织和科学机构及其跨国网络持续地发挥作用，沟通各个治理环节。因此，更多地在治理过程中发挥作用，可以帮助非国家治理主体在全球环境治理的结构中获得更多的权威。前文提到过的IUCN历经多年努力，推动《保护世界文化和自然遗产公约》《濒危野生动植物种国际贸易公约》进入国际政治议程，并且起草公约草案便是一例。通过这些行动，IUCN也在全球环境保护领域获得了相当的权威。再如，TRAFFIC在濒危野生动植物种国际贸易方面作出的长期调查研究，也为其争得了很高的话语权。

在这个意义上，全球环境治理结构与过程分析框架所涉及的三个变量实际上具有某种联动性，共同影响着某项全球环境治理安排能否有效应对其领域中的环境问题。由此，建立一个容纳了这三个变量的三维分布模型，是可能的。

（二）分析框架的总结与图示

综上，本书以"全球环境治理的结构与过程"为研究对象，提出了影响全球环境治理安排能否有效治理环境问题的三个影响因素；其中包括两个结构因素和一个过程因素。此三个因素的综合，则可以形成分析全球环境安排治理效能的一个三维模型，如图3（见导论）所示。

在图3给出的三维模型中，作者对"主体间权威分配"这一变量进行了引申处理。根据前文的分析，现有全球环境治理安排在治理主体间权威分配方面，存在的主要缺陷是国家权威独大，非国家治理主体权威不足。因此，将"主体间权威分配"这一变量引申为"非国家主体的权威"的高低是合理的。这样引申的目的在于使得三维模型更为直观，变量本身也更为简洁，也符合科学研究的一般要求。

这个三维模型的三个变量分别为结构方面的权威分配、国家的跨国转型，以及过程方面的主体间合作。根据对当前全球和地区性环境治理实践的观察，可以发现：越是趋近左下角的国际环境安排，在治理效能上往往越不成熟，如联合国气候变化框架公约和东北亚地区的环境治理等。其特征往往是前述三个影响国际环境安排治理效能的要素均处于较低的水平。越是趋近于右上角的国际环境安排，在治理效能上越成熟，如欧盟的环境治理实践和平流层臭氧层保护的治理实践。其特征往往是前述三个影响国际环境安排治理效能的要素均处于较高的水平。部分全球环境治理安排在结构与过程方面往往存在较大缺陷，处于三维模型的左下角，因而未能充分有效治理环境问题。这是本书对"为何全球环境治理安排越来越多，但环境问题却没有得到充分有效治理?"这一问题的回答，也是本书的核心假设。

需要说明的一点是，三维分布模型的基本特点是三个变量共同界定坐标，而不是某一个变量单独起作用。以取得成功的平流层臭氧层保护为例，在结构层面上首先是科学机构及其跨国网络拥有了相对独立的权威，并就相关问题进行了相对独立的研究，给出了科学上可信的成果。而在过程层面上，科学环对政治环的推动又因科学界将臭氧层保护这一环境议题转变成了政治决策高度关注的健康问题，从而引发了政治环对该问题的高度重视；[1] 由此，政治环迅速作出反应，订立《蒙特利尔议定书》为控制臭氧消耗物质建立了法律基础，并向科学环提供了更多的研究支持。在科学环提供了经济上可行的替代物质的基础上，市场环对此作出了比较迅速的反应，加速了臭氧消耗物质的淘汰。[2] 市场的积极回应，最终又给政治环以推动。过程层面互动的顺畅又带来了结构方面的优化。联合国环境规划署、科学研究机构等非国家治理主体因其在臭氧层保护方面的贡献，加强了各自在全球环境治理中的作用，被公认为重要的治理主体，[3] 权威得到了认可和提升。由此，平流层臭氧层保护事务在治理主体的权威分配、治理过程方面呈现出了比较合理的情形，因而在三维分布模型中获得了一个相对较好的位置。

通过上面的分析，本书利用"治理主体间的权威分配""国家跨国转型""全球环境治理的三环过程"三个变量建立起了一个综合性的分析框架，以此来分析"为何现有全球环境治理安排未能充分有效应对全球环境问题?"这一现象。

本章第二、三部分将以全球气候治理实践为案例，对这一综合性的分析框架进行综合性的验证。

---

① Robert T. Watson, "Turning Science into Policy: Challenges and Experiences from Science-Policy Interface," *Royal Society Publishing*, http://rstb.royalsocietypublishing.org.

② See Pamela S. Chasek, David L. Downie, Janet Welsh Brown, *Global Environmental Politics* (Boulder: Westview Press, 2010), pp. 164-179.

③ See Pamela S. Chasek, David L. Downie, Janet Welsh Brown, *Global Environmental Politics* (Boulder: Westview Press, 2010), pp. 164-179.

二、全球气候治理的结构缺陷及影响

全球气候治理安排的核心曾经是以1992年《联合国气候变化框架公约》(以下简称《公约》)及其1997年《京都议定书》(以下简称《议定书》)为基本框架，涉及减缓、适应、资金、技术四大方面的议题，并围绕这些内容形成了众多的协议、机制、工作组等治理设施(Governance Architecture)。国家、国家集团、政府间国际组织、国际非政府组织、研究机构、媒体、企业、社会公众等众多利益主体和治理主体参与其中，[①]围绕前述四方面议题展开了错综复杂的互动与博弈。在如此复杂的动态体系中，条分缕析地解释"已有全球气候治理安排"为何未能有效减缓气候变化、帮助发展中国家适应气候变化、建立充分的资金机制、开展高效的技术合作，无疑是十分困难的。本书将运用前述分析框架，对这些问题进行阐释，进而验证这一分析框架。当然，本书的分析对象依然是"已有的治理安排"；那些经过艰难谈判而未能达成国际合作的情形，现有研究已经作出了很好的阐释，亦非本书的研究对象。

从已经过去的《议定书》第一承诺期的实际情况来看，这些减排制度并没有达到预期的目标。本书第一章曾经阐释，在经过漫长而艰难的博弈之后，最终生效的《议定书》相对于签订时，已经大为倒退。[②]但本书既然只关注"已有的治理安排"，便要将注意力集中在最终生效的版本上。但是，由于上面提到的原因，即便抛开《议定书》从签订到生效之间的那些极为艰苦的谈判及过程中的步步倒退不谈，即便是通过《马拉喀什协定》达成重大政治妥协而最终生效的《京都议定书》，也没有完成其目标。

很多研究将各国间利益分歧作为全球气候治理面临困境的主要原因。但这种解释方案至少在两个方面显得解释力单薄。首先，这种解释方案的

[①]　Liliana B. Andonova, Michele M. Betsill, Harriet Bulkeley, "Transnational Climate Governance," *Global Environmental Politics* 9 (2), May 2009, pp. 52-73.

[②]　See Suraje Dessai, Nuno S. Lacasta, Katharine Vincent, "International Political History of the Kyoto Protocol: From the Hague to Marrakech and Beyond," *International Review for Environmental Strategies*, Vol. 4, No. 2, 2003, pp. 183-205.

确可以很好地解释国际气候条约为何难以达成，但却对"已达成的治理安排因何效果不佳?"这一问题缺乏解释力。其次，既然"全球气候治理安排"作为一种国际、跨国气候合作安排，其功能恰恰在于帮助国家解决利益协调和"搭便车"问题，那么为什么现有全球气候治理安排未能完成这一任务? 本书将以前述分析框架对这些问题进行分析。

本部分将从全球气候治理的治理主体出发，通过其在权威分配和跨国转型方面的缺陷，验证结构缺陷对已有全球气候治理安排的影响。

（一）全球气候治理的主要治理主体

与其他全球环境问题领域类似，已有全球气候治理安排中的治理主体包括主权国家、次国家政府、政府间国际组织、国际非政府组织、科学机构和跨国公司六类。本书将国际气候谈判中作用显著的国家集团、媒体排除在治理主体之外，其原因如下：国家集团的显著作用和重要地位主要体现在国际气候谈判之中，这些"集团"本身并不是以落实全球气候治理安排为目的，而是国际气候谈判中的利益主体；媒体则更多是发挥气候变化信息和气候治理信息的传播功能，虽然对全球气候治理有所影响，但并不是直接参与治理的主体。

关于参与全球气候治理的政府间国际组织和非政府组织，本书第一章已经进行了阐释。在此主要介绍主权国家、科学机构及其跨国网络、跨国公司三类治理主体在全球气候治理中的作用和地位。

主权国家是全球气候治理中最重要的治理主体。遵照共同但有区别的责任原则，现有全球气候治理安排将主权国家区分为发展中国家、最不发达国家、经济转型国家及发达国家；这一分类也延续到"后2012"气候治理之中，且各类国家在全球气候治理中所要承担的责任不同。[①] 发展中国家在《议定书》框架内暂不承担额定减排义务，但《议定书》通过清洁发

---

① See Michel G. J. den Elzen, Niklas Höhne, Bernd Brouns, Harald Winkler, Herrmann E. Ott, "Differentiation of Countries' Future Commitments in a Post-2012 Climate Regime," *Environmental Science & Policy*, 10, 2007, pp. 185-203.

展机制鼓励发展中国家与发达国家进行技术和资金合作，[①] 实现发展中国家减排。随着全球气候变化的发展，发展中国家中又进一步区分出了"小岛国集团"，其在适应气候变化方面可以得到特殊照顾。[②] 发达国家在温室气体减排、资金提供、技术转让方面都要承担一定任务，尤其是在《议定书》第一承诺期中要承担额定减排义务。经济转型国家在减排义务方面与发达国家类似，要承担额定减排义务，但在资金和技术方面可以得到照顾。最不发达国家则在减缓、适应、资金、技术方面均受到保护。尽管各类国家在国际气候谈判中的博弈能力和话语权大不相同，但若以"类"概念理解，主权国家仍然在各类治理主体中占据主导性权威。其他治理主体的权威，或是由国家授予（如政府间国际组织），或是受到国家的影响甚或支配（如IPCC），又或是自身权威不足。

以IPCC为代表的一批政府间、民间科学机构，是全球气候治理实务中的一个重要力量；而有一定影响力的研究机构，保守估计也在100家以上。[③]IPCC在全球气候治理中的议程设置能力已经得到广泛关注，而其基本的知识源头，却是大量的非官方独立科学研究。这些研究机构通过各种学术交流活动，结成了或松散或严密的跨国科学网络。它们通过大量的研究和科学活动，成为全球气候变化与治理的知识生产方，以知识供给的方式推动全球气候治理不断深入。需要注意的是，世界各地的科学机构也时常提出有影响力的研究报告，如《斯特恩报告》，但真正对《公约》和《议定书》进程产生重要影响的，仍然是IPCC在综合学界研究基础上提出的"IPCC科学评估报告"及其"决策者摘要"。本书第四章曾经对此进行论述，指出这一编纂过程中，科学环是深受政治环干扰的。

企业，尤其是跨国企业，是国际气候谈判中的重要利益主体；在适当的市场框架和市场环境下，其也可以成为重要的治理主体。在全球气候变化的压力下，欧美国家和越来越多的发展中国家开始以"谁污染谁付费"

---

① E. Lisa F. Schpper, "Conceptual History of Adaptation in the UNFCCC Process," *Review of European Community and International Environmental Law*, 15 (1) 2006, pp. 82-93.

② Pamela S. Chasek, "Margins of Power: Coalition Building and Coalition Maintenance of the South Pacific Island States and the Alliance of Small Island States," *Review of European Community and International Environmental Law,* 14 (2) 2005, pp. 125-138.

③ Future International Action on Climate Change, www.fiacc.net.

为原则，为碳排放制定价格，并为提高能效和发展新能源技术提供补贴。目前，逐步提高碳排放价格并收紧能源效率标准，已经成为全球气候治理的重要途径。[①] 由此，企业在进行投资成本考量时，必须将碳排放成本考虑其中，这就会在最重要的排放源——能源行业中促使企业之间展开低碳竞争。[②] 进而，这将可能促使企业支持科学环对新能源技术和减排技术的研究和推广，也为政治环进一步取得进展提供推动力。《议定书》提出的清洁发展、碳交易机制也是为了促使企业参与减排努力。清洁发展机制可以帮助企业在较低的成本下实现减排；碳交易机制则允许企业将其实际减排量作为一种商品出售，这既为企业减排行为提供动力，也实现了"谁排放谁付费"的原则。[③] 当然，所有这些情形的共同前提是，政治环要为市场环提供一定的市场运行框架，而这又需要政治环中的主要主体——主权国家、政府间国际组织、非政府组织进行合作，不断达成更有约束力的国际气候条约、协议、议定书。

阐明全球气候治理中的治理主体，对于分析主体间权威分配失衡、国家转型不足和全球气候治理"三环过程"的缺陷具有基础性作用。本章下面的内容将围绕已有全球气候治理安排在结构与过程方面的缺陷展开，以验证前述分析框架。

此外，UNFCCC无疑是现有全球气候治理安排的基本框架，但要在这个涉及面极广的框架中，清晰地单独观察"治理主体间权威分配缺陷"这一变量对全球气候治理的影响是非常困难的。这是因为，作为一项"框架公约"，UNFCCC只是为全球气候治理搭建了一个总体性的原则，而其落实则需要建立一系列具体的国际条约及其他治理安排。全球气候治理安排的有效性又只能体现在其落实过程中，对制约其有效性的变量的观察与研究，只能在《公约》框架内、外的具体治理安排中进行。

---

① Jorgen Wettestad, "European Climate Policy: Toward Centralized Governance?" *Review of Policy Research*, Vol. 26 No.3, 2009, pp. 311-329.

② Joseph E. Aldy, Eduardo Ley, Ian Parry, "A Tax-Based Approach to Slowing Global Climate Change," *National Tax Journal*, Sept. 2008, pp. 493-516.

③ Charlotte Streck, Jolene Lin, "Making Markets Work: A Review of CDM Performance and the Need for Reform," *The European Journal of International Law*, Vol. 19, No. 2, 2008, pp. 409-442.

（二）全球气候治理主体间权威分配缺陷

《议定书》是2015年前全球气候治理实践活动的基本条约，而《巴黎协定》则是2015年后全球气候治理的基础文件，本部分将以两个文件的谈判和履约为案例，说明现有全球气候治理安排中主体间权威分配缺陷及其影响。

1.《议定书》谈判和履约进程中存在的主体间权威分配缺陷

与其他领域的全球环境治理类似，主权国家在现有全球气候治理安排中占有主导性权威，这在《议定书》建立的制度中得到了突出的体现。《议定书》的基本制度模式概括来说，即是"总量限制加排放贸易"（Cap-and-Trade System）。[1] 这个模式一方面要求《公约》附件一缔约方在一定时间内实现相对基年排放量的额定减排量。另一方面，通过联合履约机制和碳排放贸易机制，在《公约》附件一缔约方之间实现减排量贸易，并通过清洁发展机制实现附件一缔约方和非附件一缔约方之间的减排量贸易。[2] 总体上看，《议定书》确立了具有国际法拘束力的减排义务，也为各国在减排方面进行合作提供了刺激机制。

但由于国家主体在全球气候治理中权威独大，《议定书》从签订到生效，再到履约都充满着局限性，致使其未能充分有效治理全球气候变化问题。本书第三章曾阐释"全球环境治理"的九个功能领域，而在现有全球气候治理安排中，虽然可以看到非国家治理主体在个别功能领域中拥有一定的权威，但总体上国家在各个功能领域的权威依然是主导性的。这种情形导致在议程设置、建立框架、履约监管、制定规则、资金支持等方面，非国家治理主体权威弱化，无力在国家片面追求个体利益、经济利益时起到弥补和修正作用。

第一，国家权威独大而科学机构权威不足，导致《议定书》减排目标

---

[1]　Michele Betsill, Matthew J. Hoffmann, "The Contours of 'Cap and Trade': The Evolution of Emissions Trading Systems for Greenhouse Gases," *Review of Policy Research*, Vol. 28, No. 1, 2011, pp. 83-107.

[2]　Charlotte Streck, Jolene Lin, "Making Markets Work: A Review of CDM Performance and the Need for Reform," *The European Journal of International Law*, Vol. 19, No. 2, 2008, pp. 409-442.

缺乏科学依据。由于全球气候变化在环境科学、政策科学方面的高度复杂性，及其在环境、经济、政治、社会领域的高度综合性，因而在议程设置和制定规则方面，科学机构的权威格外重要。从《议定书》的谈判和生效历程来看，科学机构的权威不仅没有得到充分的体现，甚至有时是在主要国家间的博弈中被忽视了。与前文所述的2℃升温控制目标相似，在《议定书》的规则体系内，《公约》附件一国家在"第一承诺期内相对1990年排放量实现温室气体减排5%"这一目标，同样在科学上依据不明。自《议定书》订约谈判开始，各缔约方及其组成的国家集团就针对减排量进行了艰难的谈判。但无论是欧盟最初提出的15%方案，还是美国提出的强度减排方案，都是从其经济、政治利益出发，而对于减缓气候变化，附件一缔约方总体平均减排量的确定，都于科学层面缺乏依据。①

不但《公约》附件一国家总体平均减排量缺乏科学依据，各国具体减排量的确定同样缺乏科学基础。温室气体减排往往涉及一个国家的整体经济、社会发展战略，不应单凭政治妥协而忽视对整个国家经济、社会承受能力和综合减排成本进行全面科学评估。但从《议定书》签订直到就其生效达成一揽子政治共识的《马拉喀什协定》，各国就各自减排额度达成的协议，更多是政治妥协，而非科学评估。很多国家对于减排所涉及的经济、社会成本并不清楚，从而对自身的减排能力作出了或高或低的预判。

从上面的分析中可以看到，国家权威独大导致最终确定的减排额度基本上是政治妥协的结果；科研机构的权威在总体平均减排量和各国具体减排量的确定中没有得到应有的体现。其结果是，首先，减排总量不能得到科学确认，使得《议定书》规定的总体减排额度在科学上不具有说服力。很难想象一份缺乏科学基础的减排协议能够为全球气候治理提供良好的框架；这实际上也为后面的国际气候谈判建立了一个非常不好的先例：政治共识以国家间妥协为基础，而较少考虑科学机构给出的研究成果。在《议定书》第二承诺期的谈判过程中，2℃控制目标的出现，实际上延续了这

---

① See Suraje Dessai, Nuno S. Lacasta, Katharine Vincent, "International Political History of the Kyoto Protocol: From the Hague to Marrakech and Beyond," *International Review for Environmental Strategies*, Vol. 4, No. 2, 2003, pp. 183-205.

个先例。[①] 其次，各国减排指标缺乏科学研究基础，导致各国在实际履约中付出的减排成本非常不均衡。一些经济转型国家由于经济衰退，比较轻易地完成了温室气体减排额度（一些国家原本就掌握着大量的"热空气"可以出售）；另一些国家则由于经济、社会发展中的实际困难无法完成减排义务。最后，这两者结合在一起，就造成了《议定书》第一承诺期在温室气体减排方面的一个非常令人尴尬的结果：发达国家在普遍没有完成减排任务的情况下，依靠经济转型国家的大量"热空气"，却达到了附件一国家的总体平均减排额度。

为了说明这一问题，表3给出了《公约》附件一国家、附件一中非经济转型国家的六种温室气体的排放数据，并对比了这两类国家1990年和2010年的排放数据和变化比例（数据包括了"土地利用变化与森林碳汇"影响）。

表3　附件一缔约方、附件一非经济转型国家缔约方1990年与2010年排放数据及对比关系（包含"土地利用变化与森林碳汇"影响）

温室气体	附件一国家			附件一非经济转型国家			附件一非经济转型国家相对附件一全部国家的占比差	
	1990年	2010年	变化率	1990年	2010年	变化率	1990年	2010年
CO_2	13,618,763.24	11,897,774.42	-12.6%	9,390,272.77	10,082,278.34	7.4%	-31.0%	-15.3%
CH_4	2,332,028.63	1,980,233.76	-15.1%	1,403,485.32	1,301,472.75	-7.3%	-39.8%	-34.3%
N_2O	1,282,894.37	945,638.18	-26.3%	848,648.96	707,983.80	-16.6%	-33.8%	-25.1%
HFCs	113,044.15	258,576.27	128.7%	84,634.37	235,300.15	178.0%	-25.1%	-9.0%
PFCs	75,201.54	17,425.85	-76.8%	59,257.94	14,566.03	-75.4%	-21.2%	-16.4%
SF_6	88,990.33	24,772.30	-72.2%	87,597.38	23,715.50	-72.9%	-1.6%	-4.3%
总和	17,510,922.28	15,124,420.79	-13.6%	11,873,896.73	12,365,316.57	4.1%	-32.2%	-18.2%

资料来源：UNFCCC官方数据，http://unfccc.int/di/DetailedByGas/Setup.do。

从表3所展示的数据中可以看到，相对于1990年，附件一国家2010年温室气体排放整体减少了13.6%，但非经济转型国家缔约方——主要是发达国家——的排放量却整体增加了4.1%。换言之，附件一国家迄今为止实

---

① Beatrice Cointe, Paul-Alain Ravon, Emmanuel Guerin, "2°C: the History of a Policy-Science Nexus," as *IDDRI Sciences Po. Working Paper*, Dec. 2011, www.iddri.org.

现的总体温室气体减排完全来自经济转型国家缔约方。而经济转型国家能够实现温室气体大幅度减排的最重要原因，则是其长期的经济衰退和增长乏力，而不是《议定书》所强调的"提高能源效率、增强温室气体的汇和库、促进可持续的农业方式、开发新能源和可再生能源、市场手段、通过回收利用减少甲烷排放"等方式。而一旦附件一缔约方中的经济转型国家实现经济复苏，开始推进国家的再工业化，事情将会变得更加复杂。

另外需要指出的是，表3的数据包括了"土地利用变化与森林碳汇"影响，将温室气体的库与汇也计算在减排数据之中。这实际上是一种非常宽泛的计算方式。因其不仅考察"排放"本身的数量，还将库与吸收汇考虑在内，一定程度上隐藏了排放本身的增长率。一旦排除这部分影响，数据会变得更加令人失望：在将经济转型国家由于经济衰退、增长乏力带来的影响计算在内的情况下，附件一国家总体减排仅为8%。可以看到，发达国家不仅没有完成减排义务，而且一旦排除土地和森林库与汇的影响，附件一非经济转型国家缔约方温室气体排放实际增加4.9%，见表4。

以上数据表明，由于《议定书》减排目标的制定过程中，国家权威独大而科学机构权威不足，导致《议定书》所规定的减排目标脱离了对减缓气候变化和各国减排能力的实际情况的科学判断。缺乏科学依据的减排目标在实际履约中缺乏可操作性，未能促使缔约方进行更有力的减排努力。其负面影响难以估量。

表4 附件一缔约方、附件一非经济转型国家缔约方1990年与2010年排放数据及对比关系（排除"土地利用变化与森林碳汇"影响）

温室气体	附件一国家			附件一非经济转型国家			附件一非经济转型国家相对附件一全部国家的占比差	
	1990年	2010年	变化率	1990年	2010年	变化率	1990年	2010年
CO_2	14,982,798.31	14,151,344.29	-5.5%	10,587,994.88	11,450,698.50	8.1%	-29.3%	-19.1%
CH_4	2,306,604.74	1,944,788.52	-15.7%	1,390,893.13	1,279,203.20	-8.0%	-39.7%	-34.2%
N_2O	1,261,820.07	918,034.77	-27.2%	837,856.98	690,116.43	-17.6%	-33.6%	-24.8%
HFCs	113,044.15	258,576.27	128.7%	84,634.37	235,300.15	178.0%	-25.1%	-9.0%
PFCs	75,201.54	17,425.85	-76.8%	59,257.94	14,566.03	-75.4%	-21.2%	-16.4%
SF_6	88,990.33	24,772.30	-72.2%	87,597.38	23,715.50	-72.9%	-1.6%	-4.3%
总和	18,828,459.14	17,314,942.01	-8.0%	13,048,234.67	13,693,599.80	4.9%	-30.7%	-20.9%

资料来源：UNFCCC官方数据，http://unfccc.int/di/DetailedByGas/Setup.do。

当然，造成上述数据的一个重要变量是美国没有批准《议定书》，而非经济转型国家的主要增排来源又是美国。尽管自2000年开始，美国的温室气体排放量开始稳定并下降，[①]但若以1990年为基年，美国依然增排10.4%。表5的数据说明，美国贡献了绝大部分非经济转型国家的增排量。但这并不妨碍本书刚刚作出的论证——一个基本事实是，附件一国家中的绝大多数非经济转型国家都没有完成减排任务，但总体平均减排量依然完成。这个矛盾说明，《议定书》订约过程中科学机构权威不足，造成减排目标科学性有待加强。

表5　美国、附件一非经济转型国家缔约方1990年与2010年排放数据及对比关系（排除"土地利用变化与森林碳汇"影响）

温室气体	美国			附件一非经济转型国家			附件一非经济转型国家相对美国的占比差	
	1990年	2010年	变化率	1990年	2010年	变化率	1990年	2010年
CO_2	5,092,381.77	5,697,337.26	11.9%	10,587,994.88	11,450,698.50	8.1%	107.9%	101.0%
CH_4	665,741.03	661,699.00	-0.6%	1,390,893.13	1,279,203.20	-8.0%	108.9%	93.3%
N_2O	313,135.96	300,522.75	-4.0%	837,856.98	690,116.43	-17.6%	167.6%	129.6%
HFCs	36,924.10	122,967.12	233.0%	84,634.37	235,300.15	178.0%	129.2%	91.4%
PFCs	20,645.87	5,660.73	-72.6%	59,257.94	14,566.03	-75.4%	187.0%	157.3%
SF_6	32,631.77	14,037.64	-57.0%	87,597.38	23,715.50	-72.9%	168.4%	68.9%
总和	6,161,460.50	6,802,224.51	10.4%	13,048,234.67	13,693,599.80	4.9%	111.8%	101.3%

资料来源：UNFCCC官方数据，http://unfccc.int/di/DetailedByGas/Setup.do。

第二，国际组织、国际制度权威不足，造成《议定书》框架下清洁发展机制存在的缺陷未能得到有力克服。清洁发展机制的初衷在于帮助发展中国家"实现可持续发展和有益于《公约》的最终目标，并协助附件一缔约方遵守量化限制和减少排放的承诺"。因此，清洁发展机制"最初是指望提供较多减排供给、可持续发展效益突出的能源类（CO_2减排项目）、废弃物处理类项目的"。因为，尽管《议定书》确认了六种温室气体，但其

① 以2000年为基年，2010年美国温室气体排放减少3.8%。

中CO_2的排放量和温室效应都是其中最大的一类。但由于这类项目的成本偏高，所以大量的清洁发展投资集中在了非CO_2项目中，占到了总量的三分之二。[①] 大量成本低廉的非CO_2清洁发展项目实际上对能源类清洁发展项目的投资产生了相当程度的反向激励。

对于清洁发展机制在实践中出现的这种违背其初衷的情况，显然需要进行一定的监管和引导，而国家在实践中很难承担起这样的责任。在市场的寻利动机驱动下，来自发达国家的清洁发展投资几乎是一定会流向减排成本更低的非CO_2项目；而发展中国家因其资本、技术相对匮乏，实际上没有太多的政策手段对其进行引导。因而，进行监管和引导的力量只能是超国家层次的政府间国际组织或国际制度；非政府组织和科学机构虽然可以起到一定的监督作用，但缺乏有效的执行能力。

《议定书》实际上建立了一个国际监管机构，规定"清洁发展机制应置于由作为本议定书缔约方会议的《公约》缔约方会议的权力和监管之下，并由清洁发展机制的执行理事会（EB）监督……对于清洁发展机制的参与，包括前述条款所指的活动及获得经可证明的减少排放的参与，可包括私有和/或公有实体，并须遵守清洁发展机制执行理事会可能提出的任何指导"。[②] 从《议定书》文本来看，EB似乎是可以对清洁发展项目的立项情况作出指导，并应当拥有一定的法律手段来促使投资流向CO_2减排项目的。EB的功能[③] 主要在于"指定经营性实体进行项目减排数额核查；根据项目实施地经营性实体提供的信息和特定程序签发'可证实的减排量'；为投资者和需要资金的清洁发展项目提供公共信息"；等等。但实际上，EB既没有得到适当的授权，也没有足够的法律手段和政策工具对清洁发展项目的温室气体减排对象进行引导，尽管从《议定书》条款来看，通过"可证

---

① 庄贵阳、朱仙丽、赵行姝：《全球环境与气候治理》，浙江人民出版社，2009，第143—144页。

② 《京都议定书》第十二条。

③ 主要参考资料包括：the UNFCCC CDM website; the rules of procedure of the EB in decision 3/CMP.1, "Modalities and procedures for a clean development mechanism," http://unfccc.int/resource/docs/2005/cmp1/eng/08a01.pdf; Baker and McKenzie (2004), Legal Issues Guidebook to the Clean Development Mechanism, p.23; and Green, J.F. (2009), "Delegation and Accountability in the Clean Development Mechanism: The New Authority of Non-State Actors," *Journal of International Law and International Relations* 4 (2): 33-34.

实的减排量"的审查和签发，EB是完全有可能做到这一点的。但现实中，"EB经常是将其精力集中在技术问题上，如对某个项目的审批，却忽视了对清洁发展机制提供总体上的战略和政策引导"。[①]其原因不难理解，EB没有得到适当授权去做这些事情。权威不足，导致EB无法对清洁发展机制运行中出现的对CO_2减排的反向激励进行约束。

全球气候治理的四大议题——减缓、适应、资金、技术都需要一定的国际机制来协调各国行为，防止显著的搭便车行为。而这又需要建立专门的国际组织、国际制度等超国家治理主体，并赋予其适当的权威。上面的案例表现出了全球气候治理中超国家层次治理主体——政府间国际组织和国际制度的权威不足。这也构成了《议定书》的缺陷。

第三，国际组织、国际制度权威不足导致其难以约束国家履行减排义务，也无力对违约国家进行惩罚。比较常见的情形是，如果一个国际组织、国际制度在违约责任判定和赔偿方面具有较高的权威，其将为缔约方的普遍遵约提供激励。《公约》附件一国家中，除部分经济转型国家由于经济衰退造成大幅度减排之外，真正完成减排任务的发达国家寥寥无几。在资金供给和技术转让方面，发达国家同样口惠而实不至。这一方面与全球气候治理的过程层面中，政治环与科学环、市场环的互动缺陷有关，本章第三部分将对此进行详细阐述。另一方面，缔约方没有在违约责任方面赋予《公约》和《议定书》以充足的权威，也是一个非常重要的因素。

前述三点全球气候治理安排中的权威分配缺陷，分别涉及了国家权威独大以及科研机构、政府间国际组织、国际制度权威不足及其影响。实际上，在现有全球气候治理安排中，非政府组织权威不足同样是缺陷之一。

气候行动网络是致力于全球气候治理领域的最具国际影响力的非政府组织跨国网络，来自超过90个国家的700多个非政府组织参与其中。气候行动网络长期"致力于影响气候谈判过程和国际及国家层面与气候相关的政策与措施"。[②]地球之友、绿色和平组织、全球环境基金等非政府组织也

---

① CDM Policy Dialogue Report, "CDM Policy Dialogue Research Programme – Research Area: Governance," Oct. 1, 2012, pp. 71-84.

② 气候行动网络官方网站，http://www.climatenetwork.org/。

大都在国际气候大会中不断向各缔约方施加压力。① 这种"压力集团"式的作用对国际气候谈判的进程起到了一定推动作用。

但从国际气候谈判的20年历程来看，还没有任何一个国际非政府组织能起到诸如世界自然保护联盟在象牙贸易方面的作用，即在《公约》或《议定书》所涉的某一个问题领域持续发力，最终促使该领域中形成具有严格国际法拘束力的国际合作。这是由于气候治理事务本身的高度复杂性所致的说法显然是缺乏说服力的。非政府组织并不一定针对国家能源结构调整、温室气体排放配额等宏大领域的国际条约缔结进行专门努力，但却可以在诸如土著民族和脆弱群体利益保护、国际气候科学联合研究、新能源技术推广等具体方面推动国际合作的实现和国际条约的缔结。但实际上众多参与全球气候治理，并直接置身国际气候谈判现场的国际非政府组织却少有成绩。究其原因，无外乎是以主权国家为主导的全球气候治理更多时候只能体现国家的权威，非国家治理主体的声音得不到充分的表达。

国家权威独大、非国家治理主体权威不足的治理权威分配格局，在全球气候治理领域尤为明显。其造成了现有以《公约》和《议定书》为核心的全球气候治理安排出现种种缺陷。

2.《巴黎协定》谈判和履约过程中存在的主体间权威分配缺陷

2020年是《巴黎协定》下国家自主贡献开始正式实施前的最后一年，为确保后2020年全球温室气体减排有序接续，自2017年，各方就《巴黎协定》实施细则进行了艰苦谈判。这其中，也充分显示出主体间权威分配缺陷带来的负面影响。

2017年11月18日，UNFCCC波恩大会经过艰苦谈判，通过了名为"斐济实施动力"的一系列成果，就《巴黎协定》实施细则形成了谈判案文，通过了加速2020年前气候行动的若干安排。② 会议中，发达国家与发展中国家对于如何安排2018年促进性对话、是否将2020年前气候行动列入大会下一步议程等问题矛盾突出。发展中国家认为促进性对话应围绕2020年

---

① See Liliana B. Andonova, Michele M. Betsill, Harriet Bulkeley, "Transnational Climate Governance," *Global Environmental Politics* 9:2, May 2009, pp. 52-73.

② 《联合国波恩气候变化大会闭幕 多国承诺将积极应对气候变化》，中国气候变化信息网，http://www.ccchina.gov.cn/Detail.aspx?newsId=69921&TId=58。

前的行动和承诺展开，而发达国家则侧重2020年后的议程。发展中国家呼吁在UNFCCC框架内设置专门议题讨论2020年前气候行动，发达国家则坚决反对。大会最终达成妥协，将2020年前行动写入未来谈判议程，也对资金问题作出了安排。

由于美国宣布退出《巴黎协定》和《巴黎协定》开启具体实施细则谈判等原因，气候谈判主要力量矛盾更加尖锐。首先，发达国家阵营内部矛盾加剧。与美国不同，欧盟、日本表示维护《巴黎协定》权威，继续推进温室气体减排，稳步发展低碳经济和绿色产业。美国与欧盟、日本政策分歧显著扩大，与其他伞形集团国家在减排、适应、资金支持、技术转让等方面的谈判立场渐远，发达国家谈判立场协调更加困难。美国停止履行《巴黎协定》义务，对国际气候合作的资金支持减少，欧洲国家难以填补资金缺口，使发展中国家在气候融资方面面临更大困难。发达国家在"可测量、可报告、可核查"（"三可"）问题上愈发强硬，将"三可"范围扩大到发展中国家的国家自主贡献，以此促动发展中国家绝对减排、提升透明度义务，不仅侵蚀了共同但有区别的责任原则，也为气候谈判增加了障碍。

2018年12月，UNFCCC缔约方卡托维兹大会取得了相对全面、平衡、有力度的结果，但距离完成气候变化《巴黎协定》实施细则谈判仍有一定距离。此次参会各方就《巴黎协定》关于自主贡献、减缓、适应、资金、技术、能力建设、透明度、全球盘点等内容涉及的机制、规则基本达成共识，并对下一步落实《巴黎协定》、加强全球应对气候变化的行动力度作出进一步安排。[①] 大会还通过了一揽子协议，内容包括：各国政府需要在2020年前更新国家自主贡献目标；联合国秘书长古特雷斯将于2019年9月举办的联合国气候峰会上，对各国的减排承诺及更新情况进行评估。[②] 但在会议中，各方在责任划分、资金目标与来源、国家自主贡献范围等方面分歧明显；核心问题在于确定哪些国家需要绝对减排或强度减排、减排量及落实共同但有区别的责任原则、能力原则等问题。一些发达国家意图动

---

① See *Katowice Climate Change Conference – December 2018*, https://unfccc.int/katowice.

② See *Katowice Climate Change Conference – December 2018*, https://unfccc.int/katowice.

摇甚至取消共同但有区别的责任原则，遭到发展中国家坚决抵制。"将全球平均气温升幅较工业化前水平控制在1.5℃之内"的提法，还有待进一步谈判解决。毕竟这个问题对于一些国家是生存问题，对于另一些国家却是责任和发展受限问题。[①]

2019年12月，UNFCCC在马德里召开的第25次缔约方大会在延期两天后闭幕。各方特别是发达国家和发展中国家在气候治理和责任分摊等问题上立场差异突出；发达国家对发展中国家支持不足的问题日益严峻。以中国为代表的发展中缔约方呼吁发达国家加强新的、额外的、以公共资金为基础的支持，提高资金透明度，确保发达国家提供的支持力度与发展中国家行动力度相匹配；为在2020年后实现《巴黎协定》设定的全球目标，需要在弥补现有缺口的基础上，由发达国家率先采取切实行动，形成可行的政策路径并与发展中国家分享。[②] 但发达国家与发展中国家意见分歧严重，各方难以达成有效共识。这导致本届大会的"核心任务"——达成《巴黎协定》第六条（碳市场机制和合作）实施细则——未能完成。联合国秘书长古特雷斯对本轮谈判结果表达了"失望"，在声明中说，"国际社会失去了应对气候危机的一个重要契机"。

2020年原本被各方认为是达成后2020气候治理共识和《巴黎协定》第六条和其他一些执行细则的关键年份，原定于2020年11月举行的格拉斯哥气候大会也因此被寄予厚望。但格拉斯哥气候大会因新冠肺炎疫情延期到2021年11月举行，2020年全球气候治理的主要任务也从完成《巴黎协定》实施细则谈判并推动各方落实国际气候变化条约下义务，转变为在全球应对新冠肺炎疫情和实现经济复苏背景下保持对气候变化的重视度，并为2021年格拉斯哥大会取得成果造势。[③] 在宣布格拉斯哥大会延期后，《联合国气候变化框架公约》相关机构举办了"六月造势"线上活动和一系列

---

① 《卡托维兹气候大会成果推动〈巴黎协定〉实施》，新华网，http://www.xinhuanet.com//2018-12/16/c_1123860166.htm。

② 《联合国气候会议未达成共识，外交部：中方呼吁发达国家加强支持》，2019年12月，中华人民共和国中央人民政府网站：http://www.gov.cn/xinwen/2019-12/16/content_5461685.htm。

③ 孙若水、高翔：《2020年全球气候治理形势和展望》，载谢伏瞻、刘雅鸣主编《气候变化绿皮书：应对气候变化报告（2020）——提升气候行动力》，社会科学文献出版社，2020，第48—70页。

线上研讨会、协调会，加强了各方对《巴黎协定》实施细则和相关问题的交流。

2021年是后2020气候治理的起始之年。2月，美国重返《巴黎协定》。尽管美国政府对《巴黎协定》先加入又退出的行为有如"朝令夕改"，且其未来能否真正落实承诺尚有待观察，但其回归还是受到了国际社会的欢迎，也为凝聚应对全球气候变化国际共识、增强信心注入了一定的动力。

4月，"领导人气候峰会"召开，包括中国、俄罗斯、美国在内38个国家的领导人和欧盟委员会主席、欧洲理事会主席出席会议。与会国家包括占全球二氧化碳排放80%的17个国家以及最易受气候变化影响的国家。拜登总统宣布将扩大美国政府的减排承诺，到2030年将美国的温室气体排放量较2005年减少50%，到2050年实现碳中和目标。日本首相菅义伟也表示，日本将在2030年前将温室气体排放量较2013财年的水平降低46%，远高于之前26%的目标，并在2050年之前实现碳中和的目标，将寻求减少对化石燃料的依赖并向太阳能和风能等再生能源转变。欧盟表示，将在2030年之前将温室气体排放量较20世纪90年代的水平降低至少55%，这高于之前制定的减排40%的目标。欧盟还发布了备受外界期待的绿色投资分类体系，从2022年开始其将据此决定哪些经济活动为可持续性投资，希望借此帮助吸引私人资本进入绿色投资领域，以加快实现减排目标。尽管这些承诺尚不足以实现全球升温1.5℃目标，但比之此前毕竟是有了长足进步。①

10月，二十国集团峰会发布《二十国集团领导人罗马峰会宣言》，提到努力将全球平均气温升高幅度限制在工业化前水平以上1.5℃之内，②但几乎没有作出具体行动承诺。

10月31日，因新冠肺炎疫情延迟一年的格拉斯哥气候大会召开。本届大会是《巴黎协定》进入实施阶段后召开的首次缔约方大会，承载着在应对气候变化相关的减缓、适应、支持方面取得平衡、有力度、包容性的成

---

① 《领导人气候峰会聚焦创新方案应对气候变化》，新华网，http://m.xinhuanet.com/2021-04/24/c_1127368489.html，访问日期：2021年11月13日。

② 《二十国集团领导人第十六次峰会通过〈二十国集团领导人罗马峰会宣言〉》，中国政府网，http://www.gov.cn/xinwen/2021-11/01/content_5648079.html，访问日期：2021年11月13日。

果的使命。完成《巴黎协定》实施细则谈判是本次大会的关键任务。

在经历了一天的加时谈判后，大会达成了包括应对气候变化科学与紧迫性、适应资金、减缓、损失损害、政策实施、协作和此前一直未能取得突破的《巴黎协定》第六条实施细则在内的一揽子协议。具体而言，各方温室气体减排措施都在朝着1.5℃控制目标努力；首次提出逐步减少煤炭使用；针对《巴黎协定》实施细则第六条，大会也达成了共识。① 同时，在发展中国家核心关切的关于适应气候变化资金和能力建设方面，本届大会也取得一些成果。但是，发展中国家的意见依然没有得到充分听取，发达国家早已承诺的每年1000亿美元资金支持迟迟没有到位，能力建设支持力度也非常不足，本届大会对此也未能给出明确预期。②

此外，在本次大会的领导人峰会上，包括中国、俄罗斯、巴西、哥伦比亚、印度尼西亚和刚果民主共和国等在内的114个国家共同签署了《关于森林和土地利用的格拉斯哥领导人宣言》，承诺到2030年停止砍伐森林，扭转土地退化状况；超过35个国家的领导人支持并签署了新的《格拉斯哥突破议程》，该议程将促使各国和企业共同努力，在十年内大幅加快清洁技术的开发和部署，并推动成本的降低。③ 大会期间，中国和美国发布《中美关于在21世纪20年代强化气候行动的格拉斯哥联合宣言》，承诺加强气候合作，捍卫《巴黎协定》的成果，同意在接下来的十年里采取更多措施减少碳排放，推动两国气候合作的机制化。④

格拉斯哥气候大会取得了很重要的进展，但距离真正遏制全球气候变暖尚有很大距离。各方承诺尚远不足以实现1.5℃升温控制目标；关于减少燃煤使用的承诺由"逐渐停止"（phase out）改为"逐渐减少"（phase

---

① UNFCCC, COP26 Reaches Consensus on Key Actions to Address Climate Change, accessed December 14, 2021, https://unfccc.int/news/cop26-reaches-consensus-on-key-actions-to-address-climate-change.

② See UNFCCC, COP26 Reaches Consensus on Key Actions to Address Climate Change, accessed December 14, 2021, https://unfccc.int/news/cop26-reaches-consensus-on-key-actions-to-address-climate-change.

③ 《应对气候变化，中国的承诺与行动！》，中国新闻网，http://www.chinanews.com/gn/2021/11-05/9602525.shtmll，访问日期：2021年11月13日。

④ 《中美达成强化气候行动联合宣言》，中国新闻网，http://www.chinanews.com/gn/2021/11-11/9606795.shtml，访问日期：2021年11月13日。

down）；在发展中国家长期关切的适应、资金和技术支持等方面，本届大会虽取得一定进展，但还有遗憾和不足。未来，全球气候治理还需要更加有力的行动。

（三）全球气候治理中的国家"跨国转型"不足

全球环境治理中的国家"跨国转型"，是指作为治理主体的国家在参与全球环境治理时，发生的"由中央政府作为国家参与国际事务的唯一重要代表，转变为中央政府各部门、次国家政府，乃至立法、司法机关共同参与到全球或地区环境治理事务中来，并形成部门间、次国家政府间和立法、司法机关之间的跨国合作"这一转变。

从定义出发，气候保护城市计划推动地方政府参与全球气候治理，是本领域中国家实现"跨国转型"的重要成果，也取得了一定成绩。但由于授权不足，地方政府参与全球气候治理止步于相当浅表的层次，并未进行深入的合作。从而使得气候保护城市计划未能成为一个有效的全球气候治理手段。本书第三章曾对这一现象进行具体的阐释，并以之论证国家"跨国转型"不足带来的负面影响。此处不重复，下文将主要分析全球气候治理在过程方面存在的问题。

三、全球气候治理的过程缺陷及影响

现有全球气候治理安排在过程方面存在的缺陷，对于其运行同样产生了诸多负面影响。第四章曾以IPCC评估报告"决策者摘要"的编写为例，说明现有全球气候治理安排中科学环与政治环互动存在的问题。本部分将进一步阐释现有全球气候治理过程的现状，并分析其缺陷及影响。当然，与其他全球环境问题领域相似，全球气候治理的过程一方面受制于结构；另一方面，也会对结构产生影响。

（一）科学环与政治环的互动缺陷

全球气候治理的过程同样是以科学环为起点的。科学环向政治环提供基本的议程设置建议，政治环则为科学环搭建起了基本架构，并在其促动下达成一系列政治共识。这个过程中，科学环为政治环中的主要主体，为若干重要的主导性大国和政府间国际组织、非政府组织共同发挥作用，达成政治共识提供了科学基础。

宏观来看，正是在科学界长期研究的基础上，国际社会于20世纪80年代逐步注意到全球气候变化问题的严峻性。联合国环境规划署较早地将其列为"最严重的五个全球性环境问题之一"，并推动建立了政府间科学研究机构IPCC。此后，IPCC着手对一定时期内全世界范围内的相关研究进行整理，进而编纂"IPCC科学评估报告"。从现有的全球气候治理来看，IPCC已经编纂并发表的四次评估报告显著地推动了《公约》进程：第一次评估报告推动了《公约》的签订，第二次评估报告推动了《议定书》的签订，第三次评估报告推动了《议定书》的生效，第四次评估报告则直接推动了"巴厘岛路线图"的签订。而在迄今为止的全球气候治理安排中，科学环最大的成就可能是成功地论证了减排成本要低于气候变暖造成的破坏，[①] 从而将一个并非政治决策核心议题的环境问题转换成了一个核心议题——经济发展问题。这里可以看到科学环与政治环之间的基本互动模式：科学环发现并提供议题，政治环则为之建立起基本的国际框架。

全球气候治理实践中，科学环提供了比较充分、可靠并具有共识性的研究成果，为政治环达成政治共识、进行政治决策提供了依据。但由于科学机构、政府间国际组织、国际非政府组织在现有全球气候治理安排中权威不足，因而在科学环与政治环的互动中，也出现了科学环对政治环引导乏力、政治环对科学环进行强加等诸多问题。

目前，政治环为科学环搭建起的最重要国际框架便是IPCC。本书第四章曾以2℃升温控制目标为案例阐述过全球气候治理过程中政治对科学的强加。类似的例子其实非常普遍。另外的问题是，由于国家主体权威独大，现有全球气候治理安排以"国际治理"为基本形式，以国家间机制为主要载体，这就使得国家间政治妥协成为唯一的决定性因素——不仅仅是气候治理领域如此，作为威斯特伐利亚体制的必然逻辑，这一情形广泛地

---

① Klaus Hasselmann, Terry Barker, "The Stern Review and the IPCC Fourth Assessment Report: Implications for Interaction between Policymakers and Climate Experts: An Editorial Essay," *Climatic Change*, June 2008, pp. 219–229.

存在于全球环境治理的各个议题之中。而国家在达成政治妥协时，更多关注的是本国的经济、社会对国际环境责任的承载能力，而非环境问题本身的需要。前面刚刚提到的《议定书》对《公约》附件一国家的总体平均减排量的确定及各国各自减排额度的确定，都是在缺乏与科学环互动的情形下由政治环的妥协决定的——主要是国家间的妥协。非国家治理主体权威远远不足。这些缺乏科学研究基础的限额也必然出现前面论述的问题。

总的来看，在全球气候治理安排中科学环与政治环的互动中，科学环对政治环具有一定的引领作用，尤其是在议程设置方面提供了基本导向，但在具体问题中的引导能力不足。政治环为科学环提供了基本的框架，但其对科学环的强加不容忽视。

（二）政治环与市场环的互动缺陷

气候变化问题与经济问题联系之紧密，使得政治环形成的任何政治共识、协议、条约、议定书等文件，都必须在市场环中加以落实，离开了适当的市场框架便很难进行有效的全球气候治理。在已有的以《公约》和《议定书》为核心的全球气候治理安排中，政治环对市场环的规制方式基本上延续了"国际条约—国内政策"这一常见模式。政治环与市场环的互动主要是通过国家政策引导来实现的。总的来看，目前的全球气候治理实践中，虽然存在一些市场化的政策工具，如为新能源提供优先发展条件等，但能够达到一定跨国规模、有效连接发展中国家与发达国家共同参与、有力牵引市场环参与减排的综合性市场框架尚未出现。

已有的全球气候治理安排中，《议定书》框架下的三个灵活机制是将碳排放权商品化的实现途径，具有国际层面的市场框架功能。但这三个灵活机制的主要目的是帮助国家进行履约，是一种以国家为权利义务主体的国际安排。碳排放交易机制直接以国家为主体，在附件一国家内部实现碳排放交易，企业和消费者个人参与不足，难以形成有效的市场推动力量。联合履约机制和清洁发展机制虽然以企业为基本主体，但最终获益指向依然是国家而非市场，而项目级的合作本身也存在着覆盖面难以提升的缺陷。实际上，缺乏有效连接发达国家和发展中国家的具有较大覆盖面的跨国市场框架，是现有全球气候治理安排未能更好协调各类国家利益的重要原因。

发展中国家无力接受《议定书》"总量限制加排放贸易"的基本框架，是因为在能力建设不足的情况下，量化减排会对其经济发展设置障碍。而发达国家则屡次以发展中国家不参与量化减排为借口为国际气候谈判施加阻力。这已经是当前全球气候治理安排取得进步的首要障碍。一般来看，国际制度、国际机制总是要在一定程度上限制主权国家的主权权威，而其得以成功的前提则是通过制止搭便车行为来协调国家政策。在这个意义上，《议定书》的缺陷与《巴塞尔公约》类似，均是试图依靠国际条约的国际法拘束力来协调国家行为，但却没有提供能够限制搭便车行为的有效机制。长期以来，"总量限制加排放贸易"的方式无法同时容纳发达国家和发展中国家的诉求。这在全球气候治理的过程层面上，即是政治环未能向市场环提供有力的市场框架。

很多学者、政策制定者对这个问题有着深刻的认识。一些学者提出以碳税与现有京都框架相结合的方式实现普遍的国际减排合作。"坦率地说，京都框架——设定全球排放额定目标并将之分配给各国是不可行的。能够帮助达成减缓目标，并缓解各国对于主权权利受损和搭便车行为的担忧的唯一办法，是建立一个国际协调性的碳排放价格，各国在此基础上对碳排放进行收费。这会带来一个结果：国际气候谈判的焦点将不再是排放额度，而是会转变为协调碳排放价格。碳税可能会为国家提供一个最简便的减排方案，并且每个国家可以自行决定如何使用碳税收入。一些国家可能会依靠碳税收入来减免其他税收。应当允许国家通过已有的'总额限制与排放交易体系'来履行国际碳税机制和进行温室气体排放定价。并且，相对于富裕国家，还应当允许穷国在碳税定价方面走得慢一些。"[①]

本书并不针对碳税、行业技术标准、京都框架三个全球气候治理的政策工具进行有效性的比较，[②] 但当前全球气候治理安排缺乏广泛行业覆盖面、跨国性市场框架，导致以企业和消费者为主体的市场环缺乏减排激

[①] Joseph E. Aldy, Eduardo Ley, Ian Parry, "A Tax-Based Approach to Slowing Global Climate Change," *National Tax Journal*, Sept. 2008, pp. 493-516.

[②] 关于全球气候治理政策工具有效性的比较研究，可参见刘培林：《全球气候治理政策工具的比较分析：基于国别间关系的考察角度》，《世界经济与政治》2011 年第 5 期。

励，却是一个比较清楚的事实。而行业覆盖面广泛、跨国性市场框架又可以有效地约束搭便车行为。碳税、行业技术标准等方案则可能提供类似的市场框架——当然是在共同但有区别的责任原则之内。从完善现有全球气候治理安排的角度来看，类似的政策选项值得认真考虑。目前来看，现有全球气候治理安排中，政治环未能向市场环提供广泛、跨国性的市场框架。

反过来，市场环也没有为政治环达成更为深入的气候政治共识提供有力的经济支持。在相当长的一段时间内，全球气候治理进展艰难，与各国政府对其经济发展的担忧密切相关。一方面是普遍处于工业化和再工业化过程中的发展中国家，对于"总量限制与排放贸易"的疑虑尤甚；另一方面是发达国家担心限制自身排放以及提供资金与技术导致经济运行成本增加，并导致与新兴大国经济竞争的不公平出现。

实际上，更为严格的市场框架并不是片面地增加经济运行成本；通过适当的市场框架对市场环进行规制，促使其反过来推动政治环不断前行，是有着现实可能性的。[①] 即便是在现有的"总量限制加排放贸易"框架中，碳市场的繁荣也已经向国际社会昭示了京都框架的经济价值，为在美国缺席的情况下京都框架依然成为全球气候治理主航道起到了推动作用。"仅在2007年，国际碳市场的成交额估计为640亿美元，而上一年才300亿美元。目前，最大的伙伴关系是2005年开始的泛欧洲排放交易体系（pan-European Emission Trading Scheme, ETS）。2008年，泛欧洲排放交易体系的收入为940亿美元。"[②]

可以想见，如果国际社会能在碳（关）税、技术合作等领域达成更为严格、深入的政治共识，那么更为发达、繁荣的减排经济是完全可期待的；其对政治环的支撑作用也是完全可预期的。但是，如上所述，现有全球气候治理安排中，市场框架是相对不足的。本书前面几章曾数次论及，市场主体只有在适当的市场框架内才会成为积极参与全球环境治理的治理

---

① Charlotte Streck, Jolene Lin, "Making Markets Works: A Review of CDM Performance and the Need for Reform," *The European Journal of International Law*, Vol. 19, No. 2, pp. 409-442.

② Jorgen Wettestad, "European Climate Policy: Toward Centralized Governance?" *Review of Policy Research*, Vol. 26, No. 3, 2009, pp. 311-329.

主体。出于这个原因，现有全球气候治理安排中，市场环也未能向政治环提供强大的推动力量。

（三）市场环与科学环的互动缺陷

现有全球气候治理安排在治理过程方面的最后一组互动关系，是市场环与科学环的互动。理想的互动模式是，在一定的政治框架约束下，市场环为实现气候治理目标尤其是为了达成其减排目标，而对科学环提出技术研究需求和资金支持；科学环则向市场环提供气候变化信息和减缓与适应技术及培训。国家各级政府、政府间国际组织、非政府组织可以成为两环互动的媒介。

理论上看，科学环与市场环的互动，较大程度上受制于前面两个环节的互动关系。本书前面已经加以论证的是，只有政治环提出严格的市场框架，市场环才可能积极参与气候治理，进而为科学环提供支持；而政治环达成深入的政治共识又需要科学环的引导和市场环的支持，尤其需要科学环提出可靠的科学证据并将环境议题转变为政治决策的核心议题。"三环过程模型"中的三个环节之间存在着相互影响、相互制约的互动，这也是其成为一个"模型"的原因。因此，现有全球气候治理安排的治理过程在科学环与市场环互动方面存在的缺陷，很大程度上是由前述两种互动关系的不足造成的。

现实中，在相当长的时间里，全球气候治理事务中市场环与科学环的互动并不利于治理的实现。在IPCC成立后不久，"一些二氧化碳排放大户企业就成立了全球气候联盟（Global Climate Coalition, GCC），对（IPCC的）科学研究成果提出质疑，通过组织各种宣传活动，反对温室气体减排的主张"。[1] 全球气候联盟的活动一直延续到2002年，而企业界反对温室气体减排的相关科学言论和广告则持续了多年，直到2006年后才较为少见。[2] 直到2007年IPCC第四次评估报告给出了越来越多且更为无可辩驳的科学证据之后，企业界反对减排的科学论证才逐步销声匿迹。而在此前的

---

① 庄贵阳、朱仙丽、赵行姝：《全球环境与气候治理》，浙江人民出版社，2009，第189页。
② 庄贵阳、朱仙丽、赵行姝：《全球环境与气候治理》，浙江人民出版社，2009，第189页。

相当长的时间中，以企业为主要行为体的市场环对科学环的正常运作是存在很大负面影响的。《京都议定书》生效后，很多企业认识到更加严格的气候变化政策已经是弦上之箭，为避免在更为宏大的全球气候治理安排中遭受损失，它们开始投资清洁技术以确保在更严格的排放限制中保持盈利。如2005年通用电气公司宣布大量投资低排放技术；一些能源巨头也开始对风能、光伏技术投入科研资金。① 市场环的这种转变，最大的动因还是政治环可能采取更为严格的全球气候政治共识。

但长期以来，由于上面提到的结构、过程方面的原因，现有全球气候治理安排一直存在诸多不足，尤其是过程方面政治环与科学环、政治环与市场环之间存在互动缺陷。这使得已有全球气候治理安排未能形成对市场环的有力规制；市场环也便缺乏持续支持科学环进行减缓与适应研究的动力。对于企业和消费者来说，除非不进行减排努力的成本更高，否则任何增加经济成本的行为都是比气候变暖所更难以接受的。这也构成了这组互动关系中最大的缺陷。

在现有全球气候治理安排中，政府间国际组织、国际非政府组织本可以在前述三组过程互动关系中起到润滑剂的作用。但其相对不足的权威导致其无法承担相应的角色。这也是现有全球气候治理过程存在缺陷的一个重要原因。

本章对本书的核心观点进行了归纳阐释，并以全球气候治理实践为案例对其进行了综合验证，从全球气候治理结构与过程的角度，分析了现有全球气候治理安排未能有力遏制全球升温趋势的原因。

---

① 庄贵阳、朱仙丽、赵行姝：《全球环境与气候治理》，浙江人民出版社，2009，第188—195页。

结　论

一、全球环境治理结构与过程的调整方向

当代世界政治的变化显然是纷繁复杂的，但"全球化"则是无论如何都无法忽视的重要主题之一；而全球化的基本表现，则是人类所面临的公共问题达到了前所未有的"全球"规模，并具有了真正联结全球的跨国性。"没有公共问题的国际社会是不能成为社会的，而有了公共问题却得不到治理，这个国际社会也只能永远处于原初状态。"[①] 当前国际关系中出现的大量全球规模的公共问题，其解决途径和方式预示着国际关系旧有的范式出现了危机。[②] 客观来看，人类为了应对全球问题的挑战，目前已经在许多议题领域建立了相应的国际制度、机制，但是其有效性却仍然是国际体制的阿喀琉斯之踵。应该说，到目前为止，国际社会还没有就全球化过程中涌现出的许多迫切的公共问题达成适当的全球性治理制度体系。[③]

环境问题则是兼具全球公共性、跨国性和全球规模的典型全球问题。面对全球环境问题，当代国际关系体制——威斯特伐利亚体制——似乎进入一种变迁与延续的关键转型期。一方面，伴随着诸多领域全球环境问题的深入发展和不断恶化，国际社会在治理主体及其权威分配、国家跨国转型等方面开始逐渐突破威斯特伐利亚体制的苑囿：多种治理主体登上了全球环境政治舞台并获得了一定的权威，突破了国家作为唯一重要行为体的旧有国际关系体制。并且，国家、次国家政府、政府间国际组织、国际非政府组织、跨国企业、科学机构及其跨国网络等六类全球环境治理主体融

---

①　俞正樑、陈玉刚、苏长和:《21世纪全球政治范式》，复旦大学出版社，2005，第57页。
②　俞正樑、陈玉刚、苏长和:《21世纪全球政治范式》，复旦大学出版社，2005，第57页。
③　俞正樑、陈玉刚、苏长和:《21世纪全球政治范式》，复旦大学出版社，2005，第58页。

入"三环治理过程"中，使得全球环境治理的实现过程同样呈现出多元主体特性。"全球治理"作为一种全球问题管理范式开始成为全球环境问题的重要治理途径。另一方面，威斯特伐利亚体制在当代国际关系中仍然占有主导地位，是毫无疑问的主流。国家间机制依然是现有全球环境治理安排的主要途径，而国家间机制存在的固有缺陷又是威斯特伐利亚体制本身使然。当代国际关系体制在面对全球环境问题时，其管理范式所要经历的由"国家间机制"向"全球治理"的转变尽管已经开始，但远未完成，表现在全球环境治理的结构与过程方面，则体现为前面几章所分析的种种缺陷。

　　全球环境治理在结构和过程方面的进一步调整将会在很大程度上影响全球环境问题的治理效果。在结构方面，首先是各类治理主体之间权威分配样式的调整。政府间国际组织、国际非政府组织、科学机构等非国家治理主体获得更高的权威，将有助于它们在议程设置、制定规则、建立规范、环境监察、履约核查等诸多治理功能领域中发挥其作用，也有助于平衡国家片面追求个体利益、经济利益而忽视全球整体环境利益的冲动。非国家治理主体权威一方面源自其依靠自身不断在全球环境治理事务中积极发挥作用，争取到的更大的话语地位；另一方面则来源于国家的授权。现时代，国家的权力不断向上流转到国际组织和国际制度，向下则流转到民间组织。这将有助于非国家治理主体获得更大的权威。但从目前来看，在全球环境治理事务中，国家权威过大而各类非国家治理主体权威相对不足，则依然是一个重要问题。

　　结构方面的另一个要素是国家的跨国转型问题。由于全球环境问题典型的综合性、跨国性、整体性特点，国家在应对全球环境问题时，已经开始作出一定的调整。中央政府各部门、次国家政府乃至立法、司法机关的跨国合作已经开始出现。但次国家政府的权限不足，不足以深入参与跨国性的全球环境治理合作；立法司法方面的国际合作在环境领域仍显不足。这也是全球环境治理结构方面存在的重要问题。

　　过程方面，政治—科学—市场三个治理环节之间的关系，则需要进一步理顺，使之畅通。全球环境治理过程方面存在的问题，一方面与全球环境治理结构方面的缺陷有关，另一方面也会对结构产生影响。本书论证的六类全球环境治理主体在三个环节中的互动，存在着政治环对科学环的强加、科学环对政治环引导乏力、科学环对市场环支持乏力、市场环对科学环支持不足、政治环对市场环管理不当等诸多缺陷。这些缺陷制约了现有全球环境治理安排的效能。

对全球环境治理结构与过程的调整，实际上也是在相应事务领域对威斯特伐利亚体制的超越。其外在表象在于诸治理主体权威分配、国家跨国转型和治理过程方面的调整；其实质则在于人类在多大程度走向联合。一个在国际关系理论中具有共识的看法是，威斯特伐利亚体制在本质上是分散的，而全球问题在本质上则是整体的。"全球环境治理"作为一种理论和实践范式，其目的恰恰在于通过多元主体的跨国性合作弥补威斯特伐利亚体制的分散特征。本书正是通过分析现有"全球环境治理安排在结构与过程方面的不足"，阐释了现有国际关系体制在面对整体性全球问题时，在走向联合方面的不足。

二、中国的主张和行动

一是积极开展国际合作，更好发挥国家行为体的作用。中国与发达国家环境治理合作取得新进展。近年来，中国积极与各方就气候变化问题保持沟通对话，将气候变化内容写入各类声明、谅解备忘录、成果文件等固化共识。2019年3月，中法双方发表联合声明重申两国将共同应对气候变化挑战，全方位履行《巴黎协定》。4月，中国与新西兰共同发表《中国—新西兰领导人气候变化声明》。6月，习近平主席与俄罗斯总统签署《中华人民共和国和俄罗斯联邦关于发展新时代全面战略协作伙伴关系的联合声明》，提出加强双方包括应对气候变化在内的自然灾害防治和紧急救灾领域合作，欢迎《巴黎协定》实施细则达成，并将进一步加强气候行动。11月，法国总统马克龙访华期间，中法两国共同发表《中法生物多样性保护和气候变化北京倡议》。2019年4月，第八次中欧能源对话召开，国家能源局与欧盟委员会签署《关于落实中欧能源合作的联合声明》，强调清洁能源合作对履行《巴黎协定》的重要意义。2020年，中国与德国、日本、欧盟及国际能源署的能效双边合作也取得了一系列新进展。

近年来，中国与发展中国家和新兴经济体应对气候变化合作不断取得新突破。截至2019年9月，中国已与其他发展中国家签署30多份气候变化南南合作谅解备忘录，合作建设低碳示范区，开展减缓和适应气候变化项目，举办应对气候变化南南合作培训班。2019年4月，"一带一路"绿色发展国际联盟在北京成立，以促进"一带一路"沿线国家开展生态环境保护和应对气候变化，实现绿色可持续发展。中国倡导进一步提升亚洲基础设施投资银行在应对气候变化、促进绿色发展中的作用，通过资金动员、能力建设、促进技术转让等方式，帮助各成员国增强应对气候变化的能力。10月，第三届中国—太平洋岛国经济发展合作论坛期间，中国与有关太平洋岛国举行环境保护和气候变化分论坛，并就气候变化挑战与未来合作进行交流。2020年，《中国—阿拉伯国家合作论坛2020年至2022年行动执行计划》签署，推动中阿应对气候变化合作进一步走深走实。

二是大力支持联合国和其他国际环境组织。中国始终坚定维护联合国宪章的宗旨和原则，坚定维护以联合国为核心的国际体系，坚定支持联合国在包括全球环境治理在内的国际事务中发挥应有作用。2021年，习近平主席向巴基斯坦世界环境日主题活动致贺信，指出，2021年是联合国生态系统恢复十年的开局之年，巴基斯坦举办以"生态系统恢复"为主题的世界环境日活动，具有重要意义。世界是同舟共济的命运共同体，国际社会要以前所未有的雄心和行动，推动构建公平合理、合作共赢的全球环境治理体系，推动人类可持续发展。① 习近平向《联合国气候变化框架公约》第26次缔约方大会世界领导人峰会发表书面致辞，开宗明义提出，应对气候变化等全球性挑战，多边主义是良方。《联合国气候变化框架公约》及其《巴黎协定》，是国际社会合作应对气候变化的基本法律遵循。各方应该在已有共识基础上，增强互信，加强合作，确保格拉斯哥大会取得成功。② 同时，中国支持亚太经合组织、二十国集团、金砖国家、上海合作组织等多边机制发挥应有作用，深入参与应对气候变化和全球环境治理合作。

---

① 《习近平向巴基斯坦世界环境日主题活动致贺信》，外交部网站，http://new.fmprc.gov.cn/web/wjb_673085/zzjg_673183/yzs_673193/xwlb_673195/t1881593.shtml。

② 《习近平向〈联合国气候变化框架公约〉第二十六次缔约方大会世界领导人峰会发表书面致辞》，外交部网站，https://www.fmprc.gov.cn/web/zyxw/t1918303.shtml。

三是积极优化环境治理过程。中国大力推动国内和国际社会形成绿色发展方式和生活方式，统筹山水林田湖草系统治理，为政府、市场、科学三种要素有序高效参与环境治理铺就路径。习近平讲话指出，"绿色发展，就其要义来讲，是要解决好人与自然和谐共生问题"。① 推动形成绿色发展方式和生活方式，是发展观的一场深刻革命，要求我们必须坚定不移走绿色低碳循环发展之路，引导形成绿色发展方式和生活方式。习近平总书记强调，要充分认识形成绿色发展方式和生活方式的重要性、紧迫性、艰巨性，把推动形成绿色发展方式和生活方式摆在更加突出的位置。推动形成绿色发展方式和生活方式，重点是推进产业结构、空间结构、能源结构、消费方式的绿色转型。中国主张加快构筑尊崇自然、绿色发展的生态体系，谋求更佳质量效益，让资源节约、环境友好成为主流的生产生活方式，使青山常在、绿水长流、空气常新，让人民群众在良好生态环境中生产生活，为子孙后代留下可持续发展的"绿色银行"。

习近平强调，山水林田湖草是一个生命共同体。② 人的命脉在田，田的命脉在水，水的命脉在山，山的命脉在土，土的命脉在树。必须按照生态系统的整体性、系统性及其内在规律，统筹考虑自然生态各要素、山上山下、地上地下、陆地海洋以及流域上下游等，进行整体保护、系统修复、综合治理。要坚持保护优先、自然恢复为主，深入实施山水林田湖草一体化生态保护和修复，更多地顺应自然，少一些建设，多一些保护，少一些工程干预，多借用一些自然力。加快生态系统保护和修复，需要优化生态安全屏障体系，构建生态廊道和生物多样性保护网络，提升生态系统质量和稳定性。为此，要建立全国统一的空间规划体系；开展国土绿化行动；在坚持最严格的耕地保护制度基础上，针对耕地退化问题，扩大轮作休耕制度试点；建立政府主导、企业和社会各界参与、市场化运作、可持续的生态补偿机制。

四是加强对全球环境和气候治理的思想引领和行动引领。思想上，

---

① 中共中央宣传部：《习近平新时代中国特色社会主义思想学习问答》，学习出版社、人民出版社，2021，第358页。
② 中共中央宣传部：《习近平新时代中国特色社会主义思想学习纲要》，学习出版社、人民出版社，2019，第173页。

2021年4月22日，习近平主席在"领导人气候峰会"上以视频方式发表重要讲话，首次全面系统提出共同构建人与自然生命共同体理念，为全球生态环境保护和应对气候变化指明了方向，为全球环境治理体系的改革完善提供了中国方案。习近平主席指出，共同构建人与自然生命共同体要坚持人与自然和谐共生，坚持绿色发展，坚持系统治理，坚持以人为本，坚持多边主义，坚持共同但有区别的责任原则。习近平主席的讲话为推进全球环境治理和应对气候变化国际合作提供了思想引领。①

第一，坚持人与自然和谐共生。习近平主席提出"共同构建人与自然生命共同体"，"我们要像保护眼睛一样保护自然和生态环境，推动形成人与自然和谐共生新格局"，深刻揭示了人与自然的共生关系。生态兴则文明兴，生态衰则文明衰，人类对大自然的伤害最终会伤及人类自身，不能只讲索取不讲投入，只讲发展不讲保护，只讲利用不讲修复；保护生态环境就是保护人类，建设生态文明就是造福人类。

第二，坚持绿色发展。习近平主席提出"绿水青山就是金山银山"，指明了实现经济发展和生态环境保护协同共生的新路径。人类的经济社会发展不是对资源和生态环境的竭泽而渔，生态环境保护也不应是舍弃经济发展的缘木求鱼，而是要坚持在发展中保护，在保护中发展。巍巍高山、茫茫草原、茂密森林、碧海蓝天、洁净沙滩、湖泊湿地、冰天雪地等都是人类永续发展的最大本钱，离开了绿水青山，人类社会的一切财富都将成为无源之水、无本之木，保护生态环境就是保护生产力，改善生态环境就是发展生产力。

第三，坚持系统治理。习近平主席提出，"我们要按照生态系统的内在规律，统筹考虑自然生态各要素，从而达到增强生态系统循环能力、维护生态平衡的目标"，指明了生态环境治理之道。大自然是一个相互依存、相互影响的共生体系，山水林田湖草沙是不可分割的生态系统。修复生态环境不能顾此失彼，必须按照生态系统的整体性、系统性及其内在规律，统筹考虑自然生态各要素，进行整体保护、系统修复、综合治理，使被割

---

① 相关论述参见《习近平出席领导人气候峰会并发表重要讲话》，中国共产党新闻网，http://cpc.people.com.cn/n1/2021/0423/c64094-32085672.html。

裂的生态系统逐渐连接起来，使原有的生态廊道恢复起来，从而增强生态系统循环能力、维护生态平衡。

第四，坚持以人为本。习近平主席提出，"生态环境关系各国人民的福祉"，指明了推进全球生态文明建设的出发点和落脚点。推进全球生态文明建设是为了人民，建设绿色家园是各国人民的共同梦想，良好的全球生态环境、更完善的全球气候治理是世界各国人民的共同财富，是最公平的国际公共产品、最普惠的民生福祉。世界各国理应积极开展有效的国际合作，不断满足各国人民对优质生态产品、优美生态环境的期待。推进全球生态文明建设必须依靠人民，要在各国人民中牢固树立生态文明理念，倡导节约适度、绿色低碳的生活方式，把建设清洁美丽的世界的美好愿景转化为各国人民的自觉行动。

第五，坚持多边主义。习近平主席提出，世界各国"要携手合作，不要相互指责；要持之以恒，不要朝令夕改；要重信守诺，不要言而无信"，指明了推进全球环境治理和应对气候变化国际合作的前提条件。面对全球环境风险挑战，各国是休戚与共的命运共同体，任何一国都无法置身事外、独善其身；保护生态环境、应对气候变化需要世界各国同舟共济、共同努力，携手合作方为正道，单边主义不得人心。要遵循《联合国气候变化框架公约》及其《巴黎协定》的目标和原则，共同维护其权威，提升合作水平，互学互鉴、互相帮助，共同构建人与自然生命共同体。

第六，坚持共同但有区别的责任原则。习近平主席提出，"我们要充分肯定发展中国家应对气候变化所作贡献，照顾其特殊困难和关切。发达国家应该展现更大雄心和行动，同时切实帮助发展中国家提高应对气候变化的能力和韧性"，指明了在应对全球气候变化中实现公平正义的基本路径。在全球环境保护和应对气候变化方面，发达国家和发展中国家的历史责任、发展阶段、应对能力都不同，共同但有区别的责任原则不但没有过时，而且应该得到遵守，推动全球生态文明之路行稳致远。

行动上，中国为后2020全球气候治理作出重要贡献。2020年是中国应对气候变化工作极不平凡的一年。习近平主席9月22日宣布，中国将提高国家自主贡献力度，采取更加有力的政策和措施，力争2030年前二氧化碳排放达到峰值，努力争取2060年前实现碳中和。习近平主席在12月气候雄心峰会上再次承诺上述目标，为全球温室气体减排注入了强大动力。这一年里，中国积极支持《联合国气候变化框架公约》秘书处和主席国在确保缔约方驱动、公平参与、透明组织的前提下，开展不具有法律效力、不做决策的信息交流活动，保持全球气候治理势头。中国积极参加"六月造势""气候变化对话"等线上系列活动，就国家自主贡献、市场机制、透明度、适应气候变化、气候资金、技术和能力建设、2020年前承诺实施进展和力度、全球气候状况审评等多项重要议题与各方广泛交流，并完成《联合国气候变化框架公约》下的第二次促进性信息分享，宣介在应对气候变化方面的"中国经验"。中国还积极参加主席国举办的重点议题系列视频磋商会议，以及"基础四国""立场相近发展中国家""七十七国集团和中国"等谈判集团内部视频协调会，为推动气候多边进程提出建设性方案，展现了中国作为世界最大发展中国家在应对气候变化领域的责任担当。

2021年，习近平主席进一步提出，中国大力支持发展中国家能源低碳绿色发展，不再新建境外煤电项目，充分展现出中国的世界情怀和大国担当。中国发布《关于完整准确全面贯彻新发展理念做好碳达峰碳中和工作的意见》和《2030年前碳达峰行动方案》，聚焦2030年前碳达峰目标，对推进碳达峰工作作出总体部署，还将陆续发布能源、工业、建筑、交通等重点领域和煤炭、电力、钢铁、水泥等重点行业的实施方案，出台科技、碳汇、财税、金融等保障措施，形成碳达峰、碳中和"1+N"政策体系，明确时间表、路线图、施工图。

人类的未来，可能正是取决于我们能够在多大程度上走向联合，去构建起人类命运共同体。人类的政治组织形式从来就不是一成不变的；在这个意义上，集中表现为"国家间关系"（而不是世界政治或全球政治）的威斯特伐利亚体制也不可能是永恒的。这个体制必然会随着全球性问题的深入，及国际社会对其解决方案的探索而逐渐被超越。在国际社会努力解决全球性问题的过程中，现有国际关系体制的自我调整也会越发深入。全球治理的结构与过程调整，将伴随着现有国际关系体制的自我调整而逐步深入。全球性环境问题的真正有效治理，也将会在这一进程中逐步实现。

参考文献

一、中文文献

[1]　薄燕主编《环境问题与国际关系（复旦国际关系评论第七辑）》，上海人民出版社，2007。

[2]　蔡拓等：《全球问题与当代国际关系》，天津人民出版社，2002。

[3]　蔡拓：《全球化与政治的转型》，北京大学出版社，2007。

[4]　蔡拓主编，刘贞晔副主编《国际关系学》，高等教育出版社，2011。

[5]　陈承新：《国内"全球治理"研究述评》，《政治学研究》2009年第1期。

[6]　崔大鹏：《国际气候合作的政治经济学分析》，商务印书馆，2003。

[7]　曹荣湘主编《全球大变暖：气候经济、政治与伦理》，社会科学文献出版社，2010。

[8]　郭晨星：《全球环境治理主体结构模型建构及其经验验证》，博士学位论文，山东大学，2010。

[9]　胡鞍钢、管清友：《中国应对全球气候变化》，清华大学出版社，2009。

[10]　刘中民等：《国际海洋环境制度导论》，海洋出版社，2007。

[11]　林云华：《国际气候合作与排放权交易制度研究》，中国经济出版社，2007。

[12]　李惠斌主编，薛晓源副主编《全球化与公民社会》，广西师范大学出版社，2003。

[13]　潘忠岐主编《多边治理与国际秩序（复旦国际关系评论第六辑）》，上海人民出版社，2006。

[14] 潘亚玲:《试论全球化下威斯特伐利亚体系的生存能力》,《教学与研究》2011年第7期。

[15] 秦亚青主编《理性与国际合作:自由主义国际关系理论研究》,世界知识出版社,2008。

[16] 秦亚青主编《文化与国际社会:建构主义国际关系理论研究》,世界知识出版社,2006。

[17] 苏长和:《全球公共问题与国际合作:一种制度的分析》,上海人民出版社,2009。

[18] 唐颖侠:《国际气候变化条约的遵守机制研究》,人民出版社,2009。

[19] 王伟光、郑国光主编,潘家华、罗勇、陈洪波副主编《应对气候变化报告(2009)——通向哥本哈根》,社会科学文献出版社,2009。

[20] 王伟光、郑国光主编,潘家华、罗勇、陈迎副主编《应对气候变化报告(2010)——坎昆的挑战与中国的行动》,社会科学文献出版社,2010。

[21] 王伟光、郑国光主编,罗勇、潘家华、巢清尘副主编《应对气候变化报告(2011)——德班的困境与中国的战略选择》,社会科学文献出版社,2011。

[22] 王杰、张海滨、张志洲主编《全球治理中的国际非政府组织》,北京大学出版社,2004。

[23] 王金良:《全球治理:结构与过程》,《太平洋学报》2011年第4期。

[24] 郇庆治主编《环境政治学:理论与实践》,山东大学出版社,2007。

[25] 郇庆治:《环境政治国际比较》,山东大学出版社,2007。

[26] 星野昭吉:《全球治理的结构与向度》,《南开学报(哲学社会科学版)》2011年第3期。

[27] 俞正樑:《国际关系与全球政治——21世纪国际关系导论》,复旦大学出版社,2007。

[28] 俞正樑、陈玉刚、苏长和:《21世纪全球政治范式》,复旦大学出版社,2005。

[29] 俞可平主编,张胜军副主编《全球化:全球治理》,社会科学文献出版社,2003。

[30] 杨鲁慧：《环境外交中的国家意志与公共政策协调》，《世界经济与政治》2010年第6期。

[31] 庄贵阳、朱仙丽、赵行姝：《全球环境与气候治理》，浙江人民出版社，2009。

[32] 张海滨：《环境与国际关系：全球环境问题的理性思考》，上海人民出版社，2008。

[33] 张海滨：《有关世界环境与安全研究中的若干问题》，《国际政治研究》2008年第2期。

[34] 张骥、王宏斌：《全球环境治理中的非政府组织》，《社会主义研究》2005年第6期。

[35] 周俊：《全球公民社会在治理结构中的作用及其限度》，《马克思主义理论与现实》2008年第1期。

二、译著

[1] 乔万尼·阿瑞吉、贝弗里·J.西尔弗等：《现代世界体系的混沌与治理》，王宇洁译，生活·读书·新知三联书店，2003。

[2] 莫顿·卡普兰：《国际政治的系统和过程》，薄智跃译，世纪出版集团、上海人民出版社，2008。

[3] 罗伯特·基欧汉著，罗伯特·基欧汉、门洪华主编《局部全球化世界中的自由主义、权力与治理》，门洪华译，北京大学出版社，2004。

[4] 莉萨·马丁、贝思·西蒙斯主编《国际制度》，黄仁伟、蔡鹏鸿等译，上海世纪出版集团，2006。

[5] 戴维·赫尔德、安东尼·麦克格鲁主编《治理全球化：权力、权威与全球治理》，曹荣湘、龙虎等译，社会科学出版社，2004。

[6] 乌尔里希·贝克等：《全球政治与全球治理——政治领域的全球化》，张世鹏等译，中国国际广播出版社，2004。

[7] 曼瑟尔·奥尔森：《集体行动的逻辑》，陈郁、郭宇峰、李崇新译，上海人民出版社，1995。

[8]   詹姆斯·罗西瑙主编《没有政府的治理》，张胜军、刘小林等译，江西人民出版社，2001。

[9]   星野昭吉：《全球化时代的世界政治——世界政治的行为主体与结构》，刘小林、梁云祥译，社会科学文献出版社，2004。

[10] 彼得·卡赞斯坦、罗伯特·基欧汉、斯蒂芬·克拉斯纳主编《世界政治理论的探索与争鸣》，秦亚青、苏长和、门洪华、魏玲译，上海世纪出版集团，2006。

[11] 奥兰·扬：《世界事务中的治理》，陈玉刚、薄燕译，上海世纪出版集团，2007。

[12] 肯尼思·奥耶主编《无政府状态下的合作》，田野、辛平译，上海世纪出版集团，2010。

[13] 约瑟夫·奈、约翰·唐纳胡主编《全球化世界的治理》，王勇、门洪华、王荣军、肖东燕、高军、戴平辉译，世界知识出版社，2003。

[14] 大卫·希尔曼、约瑟夫·韦恩·史密斯：《气候变化的挑战与民主的失灵》，武锡申、李楠译，社会科学文献出版社，2009。

[15] 安东尼·吉登斯：《气候变化的政治》，曹荣湘译，社会科学文献出版社，2009。

[16] 约翰·塞兹：《全球议题》，刘贞晔、李轶译，社会科学文献出版社，2010。

三、英文文献

[1]   Alice D. Ba, Matthew J. Hoffmann ed., *Contending Perspectives on Global Governance: Coherence and Contestation*, Routledge, 2005.

[2]   Alan S. Alexandroff, Andrew F. Cooper, ed., *Rising States, Rising Institutions: Challenges for Global Governance*, Centre for International Governance Innovation, 2010.

[3]   Jim Whitman, *The Limits of Global Governance*, Routledge, 2005.

[4]   Andrew F. Cooper, Christopher W. Hughes and Philippe De Lombaerde, *Regionalisation and Global Governance: The Taming of Globalisation?*

Routledge, 2008.

[5]   Andrew F. Cooper, John English and Ramesh Thakur, *Enhancing Global Governance: Towards a New Diplomacy?* Tokyo, New York, Paris: United Nations University Press, 2002.

[6]   Andree Kirchner, *International Marine Environmental Law: Institutions, Implementation and Innovations*, Netherlands: Kluwer Law International, 2003.

[7]   Ann M. Florini ed., *The Third Force: The Rise of Transnational Civil Society*, Washington D. C.: Carnegie Endowment for International Peace, 2000.

[8]   Arjun Appadurai, *Globalization*, Durham and London: Duke University Press, 2001.

[9]   Bharat H. Desai, *Multilateral Environmental Agreements: Legal Status of the Secretariats*, Cambridge, New York: Cambridge University Press, 2010.

[10]   Bjorn Hettne ed., *Human Values and Global Governance: Studies in Development, Security and Culture*, New York: Palgrave Macmillan, 2008.

[11]   Brendan Gleeson and Nicholas Low, *Governing for the Environment: Global Problems, Ethics and Democracy*, New York: Palgrave Publisher, 2001.

[12]   Chukwumerije Okereke, *Global Justice and Neoliberal Environmental Governance: Ethics, Sustainable Development and International Cooperation*, London and New York: Routledge, 2008.

[13]   David D. Kemp, *Global Environmental Issues: A Climatological Approach (Second Edition)*, London and New York: Routledge, 1990.

[14]   Daniel W. Drezner, *All Politics Is Global: Explaining International Regulatory Regimes*, Princeton and Oxford: Princeton University Press, 2007.

[15]   Emil J. Kirchner and James Sperling, *National Security Cultures: Patterns*

of Global Governance, London and New York: Routledge, 2010.

[16] Erich Vranes ed., *Trade and the Environment: Fundamental Issues in International Law, WTO Law and Legal Theory*, Oxford: Oxford University Press, 2009.

[17] Feargal Cochrane, Rosaleen Duffy, Jan Selby, *Global Governance, Conflict and Resistance*, New York: Palgrave Macmillan, 2003.

[18] Gerd Winter ed., *Multilevel Governance of Global Environmental Change: Perspectives from Science, Sociology and the Law*, Cambridge University Press, 2006.

[19] Howard M. Hensel ed., *Sovereignty and the Global Community: The Quest for Order in the International System*, Burlington: Ashgate Publishing Company, 2004.

[20] Helen James ed., *Civil Society, Religion and Global Governance: Paradigms of Power and Persuasion*, London and New York: Routledge, 2007.

[21] James Connelly and Graham Smith, *Politics and the Environment: From Theory to Practice*, London and New York: Routledge, 2001.

[22] Jacob Park, Ken Conca and Matthias Finger, *The Crisis of Global Environmental Governance: Towards a New Political Economy of Sustainability*, London and New York: Routledge, 2008.

[23] Joseph S. Nye Jr., John D. Donahue ed., *Governance in a Globalizing World*, Washington D. C.: Brookings Institution Press, 2000.

[24] Jerry McBeath and Jonathan Rosenberg, *Comparative Environmental Politics*, Netherland: Springer, 2006.

[25] Joseph F. C. DiMento, *The Global Environment and International Law*, Austin: University of Texas Press, 2003.

[26] Joan DeBardeleben and Achim Hurrelmann, *Democratic Dilemmas of Multilevel Governance: Legitimacy, Representation and Accountability in the European Union*, New York: Palgrave Macmillan, 2007.

[27] John W. Kingdon, *Agendas, Alternatives, and Public Policies (Second*

Edition), New York: Longman, 2003.

[28] Khi V. Thai, Dianne Rahm, Jerrell D. Coggburn, *Handbook of Globalization and the Environment*, Boca Raton, London, New York: CRC Press, 2007.

[29] Lorraine Elliott, *The Global Politics of the Environment (the Second Edition)*, Washington Square, N.Y.: New York University Press, 2004.

[30] Lloyd Jensen, Lynn H. Miller, *Global Challenge: Change and Continuity in World Politics*, Fort Worth: Harcourt Brace College Publishers, 1997.

[31] Michael E. Kraft, *Environmental Policy and Politics: Toward the Twenty-First Century*, New York: HarperCollins, 1996.

[32] Michele M. Betsill, Kathryn Hochstetler and Dimitris Stevis ed., *International Environmental Politics*, New York: Palgrave Macmillan, 2006.

[33] Matthew Paterson, *Understanding Global Environmental Politics: Domination, Accumulation, Resistance*, London: Palgrave Macmillan, 2000.

[34] Michael Barnett and Raymond Duvall ed., *Power in Global Governance*, Cambridge: Cambridge University Press, 2005.

[35] Piers H. G. Stephens, John Barry and Andrew Dobson, *Contemporary Environmental Politics: From Margins to Mainstream*, London and New York: Routledge, 2006.

[36] Paul F. Diehl, *The Politics of Global Governance: International Organizations in an Interdependent World*, Boulder and London: Lynne Rienner Publishers, 1997.

[37] Pierre De Senarclens and Ali Kazancigil ed., *Regulating Globalization: Critical Approaches to Global Governance*, Tokyo, New York, Paris: United Nation Press, 2007.

[38] Pamela S. Chasek, David L. Downie, Janet Welsh Brown, *Global Environmental Politics (the Fifth Edition)*, Boulder, CO: Westview Press, 2010.

[39] Peter Dauvergne ed., *Handbooks of Global Environmental Politics*, Cheltenham, and Northampton: Edward Elgar, 2005.

[40] R. E. Hester and R. M. Harrison, *Global Environmental Change: Issues in Environmental Science and Technology*, Royal Society of Chemistry, 2002.

[41] Regina S. Axelrod, David Leonard Downie, Norman J. Vig ed., *The Global Environment: Institutions, Law and Policy (Second Edition)*, Washington: CQ Press, 2005.

[42] Richard E. Saunier and Richard A. Meganck, *Dictionary and Introduction to Global Environmental Governance (Second Edition)*, London, Sterling, VA: Learthscan, 2009.

[43] Ruchi Anand, *International Environmental Justice: A North-South Dimension*, Burlington: Ashgate Publishing Press, 2004.

[44] Susan G. Shapiro, *Environment and Our Global Community*, New York, Amsterdam, Brussels: International Debate Education Association, 2005.

[45] Sebastian Oberthur and Thomas Gehring: *Institutional Interaction in Global Environmental Governance: Synergy and Conflict Among International and EU Policies*, Cambridge and Massachusetts: MIT Press, 2006.

[46] Shawkat Alam, Natalie Klein and Juliette Overland, *Globalisation and the Quest for Social and Environmental Justice: the Relevance of International Law in an Evolving World Order*, New York: Routledge, 2011.

[47] Timothy M. Swanson and Sam Johnston, *Global Environmental Problems and International Environmental Agreements: The Economics of International Institution Building*, Elgar Pub., 1999.

[48] Thomas Princen and Matthias Finger, *Environmental NGOs in World Politics: Linking the Local and the Global*, London and New York: Routledge, 1994.

[49] Timothy J. Sinclair, *Global Governance: Critical Concept in Political*

Science, New York and London: Routledge, 2004.

[50] Volker Rittberger, *Global Governance and United Nation System*, Tokyo, New York, Paris: United Nations University Press, 2001.

[51] Wang Gungwu and Zheng Yongnian ed., *China and the New International Order*, London and New York: Routledge, 2008.

[52] William C. G. Burns and Hari M. Osofsky, *Adjudicating Climate Change: State, National, and International Approaches*, Cambridge: Cambridge University Press, 2009.

[53] Asa Persson, "Environmental Policy Integration and Bilateral Development Assistance: Challenges and Opportunities with an Evolving Governance Framework," *Int Environ Agreements*, No. 9, 2009, pp. 409- 429.

[54] A. N. Sarkar, "Global Climate Governance: Emerging Policy Issues and Future Organisational Landscapes," *IJBIT*, Vol. 4, Issue 2, April 2011- September 2011, pp. 67-83.

[55] Andrew Jordan and Andrea Lenschow, "Policy Paper Environmental Policy Integration: A State of the Art Review," *Environmental Policy and Governance*, No. 20, 2010, pp. 147-158.

[56] Adil Najam, Ioli Christopoulou, and William R. Moomaw, "The Emergent 'System' of Global Environmental Governance," *Global Environmental Politics*, Vol.4, No.4, November 2004, pp.23-35.

[57] Ann Florini, "The National Context for Transparency-Based Global Environmental Governance," *Global Environmental Politics*, Vol.10, No.3, August 2010, pp. 120-131.

[58] Atle Midttun, "The Weakness of Strong Governance and the Strength of Soft Regulation: Environmental Governance in Post-modern Form," *Innovation*, Vol. 12, No. 2, 1999, pp. 235-250.

[59] Ana Flavia Barros- Platiau, "When Emergent Countries Reform Global Governance of Climate Change: Brazil under Lula," *Rev. Bras. Polít. Int.*, No. 53 (special edition), 2010, pp. 73-90.

[60] Anja Lindroos, Michael Mehling, "From Autonomy to Integration? International Law, Free Trade and the Environment," *Nordic Journal of International Law*, No. 77, 2008, pp. 253-273.

[61] Barry G. Rabe, "Beyond Kyoto: Climate Change Policy in Multilevel Governance Systems," *Governance: An International Journal of Policy, Administration, and Institutions*, Vol.20, No. 3, July 2007, pp. 423-444.

[62] Benjamin Cashore, Graeme Auld, Steven Berstein and Constance McDermott, "Can Non-State Governance 'Ratchet Up' Global Environmental Standards? Lessons from the Forest Sector," *RECIEL*, Vol.16, No. 2, 2007, pp. 158-172.

[63] Bradley C. Karkkainen, "Post-Sovereign Environmental Governance," *Global Environmental Politics*, Vol.4, No.1, February 2004, pp. 72-96.

[64] Bradley C. Parks and J Timmons Roberts, "Inequality and the Global Climate Regime: Breaking the North-South Impasse," *Cambridge Review of International Affairs*,Vol. 21, No. 4, December 2008, pp. 621-648.

[65] Béatrice Cointe, Paul-Alain Ravon, Emmanuel Guérin, "2°C: the History of a Policy-Science Nexus," *Working Paper N°19/11*, December 2011, pp. 5-27.

[66] Carolyn Deere-Birkbeck, "Global Governance in the Context of Climate Change: The Challenges of Increasingly Complex Risk Parameters," *International Affairs*, No.85, Vol. 6, 2009, pp. 1173-1194.

[67] Cinnamon Pinon Carlarne, "Good Climate Governance: Only a Fragmented System of International Law Away?" *LAW & POLICY*, Vol. 30, No. 4, October 2008, pp. 450-480.

[68] Chris Spence, Kati Kulovesi, María Gutiérrez and Miquel Muñoz, "Great Expectations: Understanding Bali and the Climate Change Negotiations Process," *RECIEL*, Vol. 17, No.2, 2008, pp. 142-153.

[69] Chukwumerije Okereke, "Equity Norms in Global Environmental Governance," *Global Environmental Politics*, Vol.8, No.3, August 2008, pp. 25-50.

[70] Chukwumerije Okereke, "Global Environmental Sustainability: Intragenerational Equity and Conceptions of Justice in Multilateral Environmental Regimes," *Geoforum*, No. 37, 2006, pp. 725-738.

[71] CDM Policy Dialogue Research Programme Research Area: Governance, Final Edited Report, October 1, 2012.

[72] C. E. Barnard, "Key Drivers in Environmental Legislation Towards Good Governance," *Water Policy 9 Supplement*, No. 2, 2007, pp. 31-50.

[73] Charlotte Streck and Jolene Lin, " Making Markets Work: A Review of CDM Performance and the Need for Reform," *The European Journal of International Law*, Vol. 19, No. 2, 2008, pp. 409-442.

[74] Daniel C. Esty, "Rethinking Global Environmental Governance to Deal with Climate Change: The Multiple Logics of Global Collective Action," *American Economic Review: Papers & Proceedings,* Vol. 98, No. 2, 2008, pp. 116-121.

[75] Detlef P. van Vuuren, Michel G. J. den Elzen, Jasper van Vliet, Tom Kram, Paul Lucas, Morna Isaac, "Comparison of Different Climate Regimes: the Impact of Broadening Participation," *Energy Policy*, No.37, 2009, pp.5351-5362.

[76] Eva Lövbrand, Teresia Rindefjäll, and Joakim Nordqvist, "Closing the Legitimacy Gap in Global Environmental Governance? Lessons from the Emerging CDM Market," *Global Environmental Politics,* Vol.9, No.2, May 2009, pp. 74-100.

[77] E. Lisa F. Schipper, "Conceptual History of Adaptation in the UNFCCC Process," *RECIEL*, Vol. 15, No.1, 2006, pp. 82-92.

[78] Evan Schofer, Ann Hironaka, "The Effects of World Society on Environmental Protection Outcomes," *Social Forces*, Vol. 84, No. 1, September 2005, pp. 25-47.

[79] Erik Beukel, "Ideas, Interests, and State Preferences: The Making of Multilateral Environmental Agreements with Trade Stipulations," *Policy Studies*, Vol. 24, No. 1, 2003, pp. 3-16.

[80] Emma Larsson, "Science and Policy in the International Framing of the Climate Change Issue," Master of Science Thesis, Environmental Science Programme, Department of Thematic studies Campus Norrköping, 2004.

[81] Frank Jotzo, "Climate Change Economics and Policy in the Asia Pacific," *Asian-Pacific Economic Literature,* No.2, 2008, pp. 14-30.

[82] Frank Biermann, Olwen Davies, Nicolien van der Grijp, "Environmental Policy Integration and the Architecture of Global Environmental Governance," *Int Environ Agreements,* No.9, 2009, pp. 351-369.

[83] Fengshi Wu, "Environmental Politics in China: An Issue Area in Review," *Journal of Chinese Political Science,* No.3, September 2009, pp. 383-406.

[84] Frank Biermann, Philipp Pattberg, Harro van Asselt, and Fariborz Zelli, "The Fragmentation of Global Governance Architectures: A Framework for Analysis," *Global Environmental Politics,* Vol. 9, No.4, November 2009, PP.14-40.

[85] Gerald Chan, Pak K Lee and Lai-Ha Chan, "China's Environmental Governance the Domestic-International Nexus," *Third World Quarterly,* Vol. 29, No. 2, 2008, pp. 291-314.

[86] Gerald Chan, "China's Compliance in Global Environmental Affairs," *Asia Pacific Viewpoint,* Vol. 45, No. 1, April 2004, pp.69-86.

[87] G J Levermore, "A Review of the IPCC Assessment Report Four, Part 1: the IPCC Process and Greenhouse Gas Emission Trends from Buildings Worldwide," *Building Serv. Eng. Res. Technol.,* Vol. 29, No.4, 2008, pp. 349-361.

[88] Hideo Nakazawa, "Between the Global Environmental Regime and Local Sustainability: A Local Review on Process of the Environmental Governance," *International Journal of Japanese Sociology,* 2006, No. 15, pp. 69-85.

[89] Harriet Bulkeley and Susanne C. Moser, "Responding to Climate Change: Governance and Social Action beyond Kyoto," *Global Environmental*

Politics, Vol.7, No.2, May 2007, pp.1-10.

[90] Heleen de Coninck, Karin Backstrand, "An International Relations Perspective on the Global Politics of Carbon Dioxide Capture and Storage," *Global Environmental Change*, No.21, 2011, pp. 368-378.

[91] Harro Van Asselt, Francesco Sindico, and Michael A. Mehling, "Global Climate Change and the Fragmentation of International Law," *Law & Policy*, Vol. 30, No. 4, October 2008, pp. 423-449.

[92] HongYuan Yu, " Global Environment Regime and Climate Policy Coordination in China," *Journal of Chinese Political Science,* Vol. 9, No. 2, Fall 2004, pp. 63-77.

[93] Ian Bailey, "Blackwell Publishing Ltd Neoliberalism, Climate Governance and the Scalar Politics of EU Emissions Trading," *Area*, Vol.39, No.4, 2007, pp. 431-442.

[94] Joseph E. Aldy, Eduardo Ley, Ian Parry, "A Tax-Based Approach to Slowing Global Climate Change," *National Tax Journal,* Vol. LXI, No.3 September 2008, pp. 493-517.

[95] Jorgen Wettestad, "European Climate Policy: Toward Centralized Governance?" *Review of Policy Research*, Vol. 26, No. 3, 2009, pp. 311-328.

[96] Jan-Peter Voß, "Innovation Processes in Governance: The Development of 'Emissions Trading' as a New Policy Instrument," *Science and Public Policy*, Vol. 34, No.5, June 2007, pp. 329-343.

[97] Joanna Depledge, "The Opposite of Learning: Ossification in the Climate Change Regime," *Global Environmental Politics*, Vol. 6, No. 1, February 2006, pp. 1-22.

[98] Jon Hovi, Tora Skodvin and Steinar Andresen, "The Persistence of the Kyoto Protocol: Why Other Annex I Countries Move on Without the United States," *Global Environmental Politics*, Vol.3, No.4, November 2003, pp.1-23.

[99] Jonas Tallberg, "The Power of the Chair: Formal Leadership in

International Cooperation," *International Studies Quarterly*, No.54, 2010, pp. 241-265.

[100] Joshua Su-Ya Wu, "The State of China's Environmental Governance After the 17th Party Congress," *East Asia*, No. 26, 2009, pp. 265-284.

[101] Jørgen Wettestad, "Interaction between EU Carbon Trading and the International Climate Regime: Synergies and Learning," *Int Environ Agreements*, No. 9, 2009, pp. 393-408.

[102] John Vogler, "The Institutionalisation of Trust in the International Climate Regime," *Energy Policy*, No. 38, 2010, pp. 2681-2687.

[103] Joachim Blatter, "Performing Symbolic Politics and International Environmental Regulation: Tracing and Theorizing a Causal Mechanism Beyond Regime Theory," *Global Environmental Politics*, Vol.9, No.4, November 2009, pp. 81-110.

[104] Jon Rosales, David Viner, Roger Pulwarty and Stewart Cohen, Karin Obdeijn and Marcel Kok, "Communication and The Science-Policy Interface," *Climate Change Communication Conference*, Session C2, June 2000, pp.1-18.

[105] Jaro Mayda, "IPCC and Policy Development: Toward the Third Assessment Report," *Journal of Environmental Assessment Policy and Management*, Vol. 2, No. 2, June 2000, pp. 249-262.

[106] Jennifer Clapp, "The Toxic Waste Trade with Less-Industrialised Countries: Economic Linkages and Political Alliances," *Third World Quarterly*, Vol 15, No. 3, 1994, pp. 505-518.

[107] Judith van Leeuwen, Jan van Tatenhove, "The Triangle of Marine Governance in the Environmental Governance of Dutch Offshore Platforms," *Marine Policy*, No. 34, 2010, pp. 590-597.

[108] Kuheli Dutt, "Governance, Institutions and the Environment-Income Relationship: A Cross-Country Study," *Environ Dev Sustain*, No.11, 2009, pp. 705-723.

[109] Katarina Eckerberg, Marko Joas, "Multi-level Environmental Governance:

A Concept under Stress?" *Local Environment*, Vol. 9, No. 5, October 2004, pp. 405-412.

[110] Kishan Khoday, "Mobilizing Market Forces to Combat Global Environmental Change: Lessons from UN–Private Sector Partnerships in China," *RECIEL*, Vol. 16, No.2, 2007, pp. 173-184.

[111] Klaus Hasselmann, Terry Barker, "The Stern Review and the IPCC Fourth Assessment Report: Implications for Interaction between Policymakers and Climate Experts. An Editorial Essay," *Climatic Change*, No. 89, 2008, pp. 219-229.

[112] Luigi Pellizzoni, "Governing through Disorder: Neoliberal Environmental Governance and Social Theory," *Global Environmental Change*, No.21, 2011, pp. 795-803.

[113] Liliana B. Andonova, Renzo Mendoza-Castro, "The Next Climate Treaty? Pedagogical and Policy Lessons of Classroom Negotiations," *International Studies Perspectives*, No. 9, 2008, pp. 331-347.

[114] Liliana B. Andonova, Michele M. Betsill, and Harriet Bulkeley, "Transnational Climate Governance," *Global Environmental Politics*, Vol.9, No.2, May 2009, pp. 52-73.

[115] Ilona Millar and Martijn Wild, "Enhanced Governance and Dispute Resolution for the CDM," *CCLR*, No. 1, 2009, pp. 45-57.

[116] Lilian Yap,"The Basel Convention and Global Environment (Non) Governance: Trasformismo and the Case of Electronic Wastes," *Undercurrent,* Vol. III, No. 1, 2006, pp. 23-33.

[117] Michele M. Betsill and Harriet Bulkeley, "Cities and the Multilevel Governance of Global Climate Change," *Global Governance,* Vol.12, 2006, pp. 141-159.

[118] Matthew Paterson, David Humphreys, and Lloyd Pettiford, "Conceptualizing Global Environmental Governance: From Interstate Regimes to Counter-Hegemonic Struggles," *Global Environmental Politics,* Vol.32, May 2003, pp. 1-10.

[119] Martin Jänicke, "Dynamic Governance of Clean-Energy Markets: How Technic Innovation could Accelerate Climate Policies," *Journal of Cleaner Production*, No. 22, 2012, pp. 50-59.

[120] Mukul Sanwal, "Evolution of Global Environmental Governance and the United Nations," *Global Environmental Politics*, Vol. 7, No. 3, August 2007, pp. 1-12.

[121] Mans Nilsson, Marc Pallemaerts, Ingmar von Homeyer, "International Regimes and Environmental Policy Integration: Introducing the Special Issue," *Int Environ Agreements*, No. 9, 2009, pp. 337-350.

[122] Mary C. Thompson, Manali Baruah, Edward R. Carr, "Seeing REDD+ as a Project of Environmental Governance," *Environmental Science & Policy*, No.14, 2011, pp.100-110.

[123] Michele Betsill, Matthew J. Hoffmann, "The Contours of 'Cap and Trade': The Evolution of Emissions Trading Systems for Greenhouse Gases," *Review of Policy Research*, Vol. 28, No. 1, 2011, pp.83-106.

[124] Michael Mason, "The Governance of Transnational Environmental Harm: Addressing New Modes of Accountability/Responsibility," *Global Environmental Politics*, Vol.8, No. 3, August 2008, pp.8-24.

[125] Maria Ivanova, David Gordon and Jennifer Roy, "Towards Institutional Symbiosis: Business and the United Nations in Environmental Governance," *RECIEL*, Vol.16, No. 2, 2007, pp. 123-134.

[126] Mukul Sanwal, "Trends in Global Environmental Governance: The Emergence of a Mutual Supportiveness Approach to Achieve Sustainable Development," *Global Environmental Politics*, Vol.4, No. 4, November 2004, pp. 16-22.

[127] Mans Nilsson, Marc Pallemaerts, Ingmar von Homeyer, "International Regimes and Environmental Policy Integration: Introducing the Special Issue," *Int Environ Agreements*, No. 9, 2009, pp. 337-350.

[128] Margaret A. Young, "Climate Change Law and Regime Interaction," *CCLR*, No.2, 2011, pp. 147-157.

[129] Marja Spierenburg, "Getting the Message Across Biodiversity Science and Policy Interfaces–A Review," *GA*, No.2, 2012, pp. 125-134.

[130] Michael Tsimplis, "Liability and Compensation in the International Transport of Hazardous Wastes by Sea: The 1999 Protocol to the Basel Convention," *The International Journal of Marine And Coastal Law*, Vol. 16, No.2, pp. 295-346.

[131] Maureen G. Reed, Shannon Bruyneel, "Rescaling Environmental Governance, Rethinking the State: A Three-Dimensional Review," *Progress in Human Geography*, Vol. 34, No.5, pp. 646-653.

[132] Michele M. Betsill, "Transnational Networks and Global Environmental Governance: The Cities for Climate Protection Program," *International Studies Quarterly*, No.48, 2004, pp.471-493.

[133] Nives Dolsak, "Climate Change Policy Implementation: A Cross-Sectional Analysis," *Review of Policy Research,* Vol, 26, No. 5, 2009, pp. 551-570.

[134] Oran R. Young, "The Architecture of Global Environmental Governance: Bringing Science to Bear on Policy," *Global Environmental Politics*, Vol.8, No.1, February 2008, pp.14-32.

[135] Peter M. Haas, "Addressing the Global Governance Deficit," *Global Environmental Politics,* Vol.4, No.4, November 2004, pp. 1-15.

[136] Philip McMichael, "Food System Sustainability: Questions of Environmental Governance in the New World (dis)order," *Global Environmental Change,* No. 21, 2011, pp. 804-812.

[137] Pamela S. Chasek, "Margins of Power: Coalition Building and Coalition Maintenance of the South Pacific Island States and the Alliance of Small Island States," *RECIEL*, Vol.14, No. 2, 2005, pp.125-137.

[138] Palblo Cubel, "Transboundary Movements of Hazardous Wastes in International Law: The Special Case of the Mediterranean Area," *The International Journal of Marine and Coastal Law*, Vol. 12, No.4, 1997, pp.447-487.

[139] Robert V. Bartlett and Walter F. Baber, "Policy in Democratic Governance John Rawls, Public Reason, and Normative Precommitment," *Public Integrity*, Vol. 7, No. 3, pp. 219-240.

[140] Ronald B. Mitchell, "A Quantitative Approach to Evaluating International Environmental Regimes," *Global Environmental Politics*, Vol.2, No. 4, November 2002, pp. 58-83.

[141] Robert T. Watson, "Turning Science into Policy: Challenges and Experiences from the Science-Policy Interface," *Philosophical Transactions of the Royal Society. B*, No. 360, 2005, pp. 471-477.

[142] Sebastian Oberthür and Thomas Gehring, "Institutional Interaction in Global Environmental Governance: The Case of the Cartagena Protocol and the World Trade Organization," *Global Environmental Politics*, Vol. 6, No.2, May 2006, pp.1-31.

[143] Suraje Dessai, Nuno S. Lacasta, and Katharine Vincent, "International Political History of the Kyoto Protocol: From The Hague to Marrakech and Beyond," *International Review for Environmental Strategies*, Vol. 4, No. 2, 2003, pp. 183-205.

[144] Sylvia I. Karlsson-Vinkhuyzen, Harro van Asselt, "Introduction: Exploring and Explaining the Asia-Pacific Partnership on Clean Development and Climate," *Int Environ Agreements*, No.9, 2009, pp. 195-211.

[145] Stephen Peake, "Policymaking as Design in Complex Systems—The International Climate Change Regime," *E:CO Issue*, Vol. 12, No. 2, 2010, pp. 15-22.

[146] Stefanie Beyer, "Environmental Law and Policy in the People's Republic of China," *Chinese Journal of International Law*, Vol. 5, No. 1, 2006, pp. 185-211.

[147] Sevasti-Eleni Vezirgiannidou, "The Climate Change Regime Post-Kyoto: Why Compliance Is Important and How to Achieve It," *Global Environmental Politics*,Vol.9, No. 4, November 2009, pp. 41-63.

[148] Alison Shaw, "Policy Relevant Scientific Information: The Co-Production of Objectivity and Relevance in the IPCC," *Breslauer Symposium, University of California International and Area Studies, UC Berkeley*, 12-01-2005.

[149] UNEP, "State of the Marine Environment Report for the East Asian Seas 2009".

[150] S. A. Mitchell and C. M. Breen, "The Role of Research in Informing the Governance Process of the Use of Ecosystem Resources," *Water Policy 9 Supplement*, No. 2, 2007, pp. 169-189.

[151] Tobias Bohmelt, ETH Zurich, Ulrich H.Pilster, "International Environmental Regimes: Legalisation, Flexibility and Effectiveness," *Australian Journal of Political Science*, Vol. 45, No. 2, June 2010, pp. 245-260.

[152] Thomas Koetz, Katharine N. Farrell, Peter Bridgewater, "Building Better Science-Policy Interfaces for International Environmental Governance: Assessing Potential within the Intergovernmental Platform for Biodiversity and Ecosystem Services," *Int Environ Agreements,* No. 12, 2012, pp. 1-21.

[153] Wakana Takahashi, "Formation of an East Asian Regime for Acid Rain Control: The Perspective of Comparative Regionalism," *International Review for Environmental Strategies*, Vol.1, No.1, 2000, pp. 97-117.

[154] Yasumasa Komori, "Evaluating Regional Environmental Governance in Northeast Asia," *Asian Affairs: An American Review*, No. 37, 2010, pp.1-25.

[155] Zhongxiang Zhang and Lucas Assunção, *Domestic Climate Policies and the WTO*, Blackwell Publishing Ltd 2003, pp. 359-386.

[156] Zhongxiang Zhang, "How Far can Developing Country Commitments go in an Immediate post-2012 Climate Regime?" *Energy Policy*, No. 37, 2009, pp.1753-1757.